AF389999

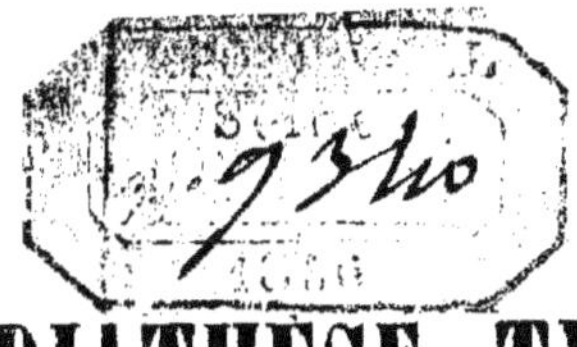

LA

DIATHÈSE TYPHOÏDE DU CHEVAL

ET

SES MANIFESTATIONS ORDINAIRES

DANS L'ARMÉE.

Par M. A. SANSON,

VÉTÉRINAIRE MILITAIRE.

Élever les questions pour les simplifier ;
les simplifier pour les résoudre.

UN GRAND PUBLICISTE.

PARIS.

TYPOGRAPHIE DE E. ET V. PENAUD FRÈRES,

10, RUE DU FAUBOURG-MONTMARTRE.

—

1856.

LA DIATHÈSE TYPHOÏDE DU CHEVAL

ET

SES MANIFESTATIONS ORDINAIRES DANS L'ARMÉE.

Après tout ce qui a été écrit, depuis une quinzaine d'années, sur les affections désignées en vétérinaire sous l'épithète de *typhoïdes,* il y a peut-être quelque témérité apparente à essayer d'aborder de nouveau ce sujet.

Ces affections, en effet, n'ont pas seulement été l'objet de nombreuses descriptions monographiques, mais encore plusieurs auteurs ont entrepris de systématiser à leur endroit. De prime abord, il semblerait donc que la discussion sur ce sujet dût être close, et que les annales de la science n'eussent plus rien à enregistrer à cet égard.

Telle n'est point mon opinion, et, pour justifier celle que je me permets de professer, j'ai besoin de faire tout d'abord en quelques mots la critique des travaux que nous possédons déjà sur cette matière. Il est bien clair que si je les avais crus suffisants, je n'aurais pas entrepris celui-ci.

Le principal reproche que j'adresserai aux auteurs qui nous les ont donnés sera un reproche général; car, je dois le dire dès maintenant, il n'est aucunement dans ma pensée de ne pas rendre justice au talent d'observation dont ils ont fait preuve, du moins quant à ceux qui ont pu suffisamment étudier les maladies dont il s'agit ici. Mais tous, trop préoccupés d'une affection de même nature qui sévit sur l'homme, de la *fièvre typhoïde,* nommée par quelques auteurs *dothinentérie,* les uns ont trop principalement entrepris d'établir entre cette affection et celle du cheval une *identité d'expression* tout au moins inutile, tandis que les autres se proposaient avant tout de combattre même jusqu'à la moindre analogie. Il s'en est nécessairement suivi que les premiers, comme malgré eux, ont été entraînés à faire un peu de *médecine de l'homme sous la peau du cheval,* et à forcer, par conséquent, les caractères; pendant que les autres renchérissaient, au contraire, sur ceux déjà trop exclusivement attribués de l'homme, de l'avis de beaucoup de médecins distingués (déplaçant ainsi les compétences), pour éloigner jusqu'au moindre soupçon de parenté entre des maladies que les recherches récentes de plusieurs savants bien situés pour observer sainement tendent à rapprocher.

C'est que, s'il est indispensable, pour éclairer l'observation, d'être placé à un point de vue qui permette de saisir les phénomènes et de les comparer, il ne l'est pas moins que ce point de vue soit avant tout démontré juste. Or, dans ce cas, en admettant qu'il soit utile de partir d'une comparaison avec l'espèce humaine, ne serait-ce pas s'exposer à bâtir sur du sable que d'accepter *à priori* telle ou telle doctrine qui, en médecine, loin d'être unanimement admise comme vraie, est encore chaque jour l'objet de discussions qui, il faut le dire pour celle à laquelle je fais allusion, lui font perdre beaucoup de terrain dans l'esprit des médecins vraiment philosophes ?

Cette marche ne peut évidemment qu'être nuisible, en général, au progrès de nos études ; et, dans ce cas particulier, il ne faut que compulser ce qui a été publié sur ce sujet pour s'en convaincre ; car il est bien facile alors de s'apercevoir que l'observation a dû fléchir souvent devant les nécessités d'un rapprochement conçu à l'avance. L'homme est ainsi fait. Il serait injuste de lui en faire un crime ; mais, en revanche, ce peut être un devoir de chercher, quand on croit pouvoir apporter quelque élément à cette tâche, à débarrasser l'observation des entraves de cette nature qui la gênent ou l'obscurcissent. Nous devons, à ce qu'il me semble, nous préoccuper avant tout d'étudier attentivement les maladies des animaux avec les moyens que les progrès de la science ont mis à notre disposition, et cela abstraction faite d'abord de toute comparaison avec l'espèce humaine. Lorsque, par les mêmes procédés, les médecins de l'homme en auront fait autant, s'il résulte alors de la comparaison de nos études respectives des rapprochements, — ce qui ne peut manquer d'avoir lieu, car, soit dit en passant, l'organisation est une, — il sera temps de les établir et de nous en éclairer mutuellement. Mais, encore un coup, voici un ordre d'affections à peine connues, dont les caractères essentiels ont passé inaperçus depuis des siècles, au milieu des doctrines médicales régnantes, et ceux qui entreprennent de les décrire se préoccupent avant tout d'établir leur identité avec une maladie de l'espèce humaine sur la nature réelle de laquelle la science n'est pas encore fixée ! Voilà qui, assurément, n'est pas rationnel.

Mon but, en entreprenant à mon tour une description des affections typhoïdes du cheval de troupe, est donc de me placer à un tout autre point de vue. Que la *dothinentérie* de l'homme existe chez le cheval, ou que, comme on l'a dit, la *fièvre typhoïde* de celui-ci soit *une maladie complétement imaginaire,* j'avoue que pour l'instant cela m'importe peu. Ce que j'ai en vue, c'est, avant tout, d'établir qu'il existe dans la nosologie de cet animal une *diathèse typhoïde,* c'est-à-dire un état morbide général conforme au sens que donne à ce mot son étymologie (*abattu, stupide*) et qui, sous l'influence de causes appréciables, communique son cachet propre aux troubles fonctionnels survenus par suite de modifications matérielles produites dans les organes chargés desdites fonctions, ou, pour éviter une périphrase, aux *organopathies* particulières. C'est aussi de déterminer autant que possible les raisons de cette diathèse, pour arriver à la détermination de son étiologie probable, de sa prophylaxie et de son traitement curatif.

J'ai exercé pendant six années au milieu d'un pays où elle est, on peut le dire, enzootique, et il m'a été donné d'en suivre de près dès lors des cas nombreux, bien qu'isolés. Durant ce même temps, j'ai pu me tenir au courant de ce qui se présentait en ce genre au dépôt de remonte de Saint-Jean-d'Angély, réputé, comme on sait, pour fournir à l'armée des chevaux sur lesquels les affections typhoïdes sévissent de préférence, et, par conséquent, étudier la maladie sur une grande échelle. Depuis que j'appartiens à l'armée, je me suis trouvé seul au dépôt du 5ᵉ escadron du train des équipages, à Châteauroux, au milieu d'un millier d'animaux qui fournissaient chaque jour à l'infirmerie un certain nombre de cas de ce genre. Enfin, à Haguenau, au 3ᵉ de cuirassiers, quelques chevaux provenant des achats faits par le comité de remonte de Paris, ou des dépôts de Saint-Maixent, de Fontenay et de Saint-Jean, nous en ont présenté des exemples ; et, en ce moment même, la 5ᵉ batterie du 11ᵉ d'artillerie, qui y tient garnison aussi, nous a déjà fourni une vingtaine de cas de cette maladie, qui sévit, du reste, sur les chevaux des deux régiments de cette arme en garnison à Strasbourg avec une intensité telle que l'envoi d'un vétérinaire principal sur les lieux a été jugé nécessaire.

Avec de semblables éléments d'observation directe, j'ose croire qu'il me sera permis d'entreprendre en connaissance de cause une description exacte, sinon complète, de l'état pathologique dont il s'agit, et que, si elle pèche par quelque point, ce que je ne puis prétendre d'éviter, ce ne sera pas toutefois sous le rapport pratique. J'ai entrepris depuis longtemps une série de recherches et d'expériences sur les caractères microscopiques et chimiques du sang dans un certain ordre de maladies, — et celles dont il est ici question en font partie, — et cela dans le but d'arriver, s'il m'est possible, à déterminer la nature essentielle des altérations signalées dans ce liquide par tous les auteurs ; mais, faute d'avoir été placé jusqu'ici dans des circonstances suffisamment favorables à des études de ce genre, les résultats que j'ai pu déjà obtenir ne sont encore ni assez nombreux ni assez clairement concordants pour me permettre d'en tirer aucune conclusion. J'aurais attendu la fin de ces travaux pour communiquer à mes confrères et soumettre à leur appréciation les données qui me sont acquises par l'observation clinique seule, afin de tâcher de jeter quelque jour sur le côté scientifique de cette intéressante question de la *diathèse typhoïde;* mais les circonstances présentes font une obligation de passer outre, et, dût la réputation de l'auteur y perdre — si réputation il y a — par le fait d'un travail moins complet, je me suis dit que la valeur des services dépend surtout de leur opportunité. Déjà, au moment où l'on s'occupait de mettre la cavalerie sur le pied de guerre, j'ai cru devoir appeler sommairement l'attention de mes confrères de l'armée, par un article du *Recueil de médecine vétérinaire,* sur un danger qui ne s'est que trop présenté depuis, et j'ai eu la satisfaction bien douce d'apprendre, de la bouche de quelques-uns d'entre eux, qu'ils ne s'étaient point mal trouvés de l'y avoir arrêtée. Puisse le même sentiment qui m'inspire ce mémoire lui faire atteindre le même but! car le nombre de ceux qui ont de l'état morbide dont il s'agit une idée suffisamment nette, de manière à baser rationnellement leur thérapeutique, est encore assez restreint pour qu'il y ait espoir de produire quelque bien en débrouillant un peu l'espèce de chaos qui y règne, faute d'un lien qui unisse entre elles les diverses manifestations qu'il produit. Une tentative de ce genre a été déjà faite il y a quelques années, et les efforts qui l'ont produite sont assurément fort louables ; mais, à mon sens du moins, cette tentative ne pouvait heureusement aboutir, et cela pour deux raisons : premièrement, à cause de la préoccupation dont j'ai déjà parlé ; en second lieu, parce qu'il y manquait une description exacte et pratique des manifestations particulières de l'état diathésique, soit que l'auteur ne l'ait pas cru nécessaire, soit qu'il n'eût pas par devers lui les éléments d'une telle description.

Pour ma part, je considère que le seul moyen d'arriver à un résultat utile, dans cette question, consiste à commencer d'abord par là, pour cette raison que dans toute étude fructueuse l'analyse doit précéder le système. Je commencerai donc par décrire avec soin ce que j'ai vu ; puis j'en essayerai l'interprétation, de manière à déduire logiquement de cette même interprétation, et les causes productrices du mal, et sa prophylaxie, et son traitement. J'avertis à l'avance le lecteur qu'il ne rencontrera pas toujours dans mes descriptions une concordance parfaite avec ce qu'il a pu lire ailleurs. C'est que sans doute les observations varient avec les lieux où elles ont été faites, mais aussi il serait peut-être possible de donner d'autres raisons de ces dissidences.

La diathèse typhoïde, d'après mes observations, bien qu'il soit facile d'en apercevoir des effets dans presque toutes les fonctions de l'organisme, comme on en trouve des lésions, à l'autopsie, dans presque tous les organes, ne se manifeste pas moins avec des physionomies particulières, dues à la prédominance de certaines catégories de symptômes. Deux appareils dominent, comme on sait, dans l'organisation du cheval : l'appareil respiratoire et l'appareil abdominal. Les manifestations de la diathèse typhoïde, chez cet animal, devaient nécessairement se ressentir de ce fait. Aussi, suivant les prédispositions individuelles, deux formes principales se font-elles observer, à savoir : 1° la *forme abdominale*, 2° la *forme thoracique*. Ce n'est point à dire, je le répète, que, dans chacune de ces formes, les lésions et les troubles fonctionnels, comme nous le verrons par la suite, soient exclusifs à l'abdomen ou à la poitrine ; cette distinction, presque complétement arbitraire de ma part, n'implique qu'un simple caractère de physionomie et n'est destinée qu'à faciliter les descriptions en y mettant un peu d'ordre. Quant à la forme cérébrale qu'on a admise, sans doute sous l'empire des préoccupations dont j'ai parlé en commençant, je ne l'ai jamais observée dans les conditions naturelles de la maladie, et j'ai quelques raisons de croire qu'elle n'existe que du fait d'un traitement irrationnel souvent opposé à celle-ci.

Nous aurons donc à nous occuper d'abord de la manifestation abdominale de la diathèse. Ici, nous envisagerons en premier lieu une forme bénigne, désignée par quelques auteurs sous le nom de *fièvre muqueuse ;* en second lieu une forme grave, généralement confondue avec la gastro-entérite, et décrite par d'autres comme une *gastro-entéro-hépato-pneumonite* (!) pour des raisons qu'il sera facile de comprendre par la suite. Il nous faudra ensuite arriver à la forme thoracique, la plus souvent décrite de toutes, sous les noms de *pleuro-pneumonie* ou de *broncho-pneumonie typhoïde,* ou seulement : *compliquées d'altération du sang.*

Chacune de ces formes sera décrite dans un chapitre à part, avec tous les détails que le sujet comportera. Dans les suivants, j'essayerai de faire ressortir de ces différentes descriptions les caractères et la nature *cliniques* de la diathèse sous l'influence de laquelle elles se produisent ; j'entreprendrai ensuite d'en déterminer l'étiologie probable ; puis j'aurai à déduire des deux études précédentes la prophylaxie et le traitement curatif, en les appuyant l'un et l'autre sur des observations positives et des faits certains, car c'est là, en fin de compte, où doivent aboutir, pour être fructueuses, toutes nos études pathologiques ; enfin, il ne me restera plus qu'à résumer sous forme de conclusions la substance de ce travail.

Celui-ci se composera donc de six chapitres, dont nous allons dès maintenant aborder le premier.

I.

FORME ABDOMINALE.

Dès l'abord de la partie descriptive de ce mémoire, j'éprouve un embarras que je ne puis dissimuler, et qui ne paraît avoir préoccupé jusqu'à présent aucun auteur : c'est que, n'ayant jamais assisté, spectateur impassible, au développement naturel d'aucune des manifestations de la diathèse typhoïde, je ne saurais en entreprendre la description sans prévenir le lecteur que je ne puis lui faire connaître que leur marche artificielle et nécessairement modifiée par l'influence heureuse ou fâcheuse du traitement qui leur a été appliqué, selon qu'il était luimême bien ou mal conçu. J'ajouterai, cependant, que je ne crois point que cela puisse aucunement nuire au but final que je me propose, et qu'en outre, pour ne pas allonger inutilement les chapitres et éviter une perte de temps, je laisserai de côté cette symptomatologie banale qui appartient à toutes les maladies un peu importantes, pour ne m'occuper que de ce qui est essentiellement du ressort de l'affection dont il s'agit. J'espère qu'on me saura gré de cette attention.

Cela dit, je rappellerai que nous avons ici à considérer une forme bénigne et une forme grave, et je commence par la première.

1° *Forme abdominale bénigne.*

A ne considérer que les apparences extérieures, rien de moins justifié que le qualificatif que je viens d'écrire pour cette forme. L'aspect du cheval qui en est atteint, en effet, semble peu témoigner en sa faveur, et bien des praticiens y ont été trompés ; et c'est précisément cette absence de relation explicable, dans les idées généralement reçues, entre l'habitude générale et l'étendue des altérations organiques perceptibles, qui est pour l'observateur attentif la preuve du cachet typhoïde de l'affection.

Quoi qu'il en soit, l'animal devient tout à coup triste, très-abattu ; il refuse les aliments et se retire au bout de la longe dans sa stalle. Le poil se pique, la peau devient sèche. La respiration est irrégulière et accélérée, et il n'est pas rare de compter de 20 à 30 inspirations par minute. La température de la peau n'est point élevée ; l'inspection de la bouche n'accuse non plus aucune chaleur anormale ; la langue n'est ni plus sédimenteuse ni plus rouge vers sa pointe que dans l'état ordinaire. La conjonctive, le plus souvent pâle, est *toujours infiltrée d'une teinte jaunâtre, et ses veinules, parfois fortement injectées, forment ainsi de rares arborisations.* Le pouls est accéléré, de 40 à 50, mais *faible ;* l'artère *ne résiste pas sous la pression des doigts.* A l'auscultation, c'est à peine si l'on constate tout à fait à la partie inférieure de chaque lobe pulmonaire un peu de diminution de l'intensité normale du bruit respiratoire ; dans tout le reste de l'étendue des poumons, le parenchyme est perméable entièrement. La percussion ne provoque ni matité ni douleur en aucun point, ni sonorité insolite. Les hypochondres sont également insensibles. Sous l'influence d'une forte pression exercée sur l'abdomen, dans la région du flanc, le plus souvent il se manifeste de la sensibilité. Il y a constipation.

Tels sont les principaux symptômes qui signalent le début de cette première forme, symptômes en présence desquels je me suis trouvé bien des fois, et notamment en 1854, sur une quarantaine de chevaux de trait provenant de Nevers, qui tous les ont présentés successivement peu de jours après leur arrivée. Cela offre, on le voit, quelques points de ressemblance avec le début d'une affection de nature inflammatoire, et peut tromper l'observateur superficiel ; mais il y a là pour le praticien éclairé, si surtout son attention a été au préalable éveillée, il y a cet état tout spécial de la conjonctive qui, joint aux battements de l'artère, — deux caractères corrélatifs, — ne peuvent permettre une erreur.

La stupeur, l'état typhoïde, en autres termes, sont tels dans ce cas que certains vétérinaires, — et nous en avons vu, — se croient aux prises avec une grave oppression des forces par l'élément inflammatoire, et agissent en conséquence, de manière à conduire le malade *ad mortem* en moins de vingt-quatre heures. C'est alors, précisément, que, par des saignées réitérées et dont le but avoué est de *faire relever le pouls,* apparaissent les symptômes nerveux qui ont pu être pris pour une forme cérébrale de la fièvre typhoïde. A l'aide du traitement rationnel que j'indiquerai par la suite, au contraire, le cortége de symptômes que j'ai énumérés disparaît progressivement, et moins de huit jours suffisent ordinairement, non pas pour détruire et faire disparaître complétement les signes diathésiques, mais au moins pour en modifier la tendance au point d'en rendre avec le temps la disparition possible, par le fait seul des agents hygiéniques.

J'ai observé cette forme de l'affection sur des chevaux de différents âges. Je l'ai vue, dans le civil, sur des chevaux adultes épuisés par des fatigues considérables et une alimentation vicieuse. A l'intensité près, elle m'a toujours présenté la physionomie que je viens d'essayer de décrire. Que si l'on hésitait à la rattacher à la diathèse typhoïde, il me serait facile de démontrer combien on se tromperait et à quels dangers l'on s'exposerait en racontant des faits observés par moi, et qui prouveraient que, tandis qu'un grand nombre de malades qui la présentaient avaient été guéris facilement en se plaçant à ce point de vue, un certain nombre d'autres, qui se trouvaient exactement dans les mêmes conditions, moururent tous invariablement moins de vingt-quatre heures après leur entrée à l'infirmerie, par suite d'un changement survenu dans le mode de traitement, lequel changement entraîna un usage immodéré de la phlébotomie, et transforma ainsi en enzootie grave ce qui avait jusqu'alors passé inaperçu, comme trop bénin sans doute.

Je dois, du reste, uniquement à cette circonstance de pouvoir donner ici les principales lésions qui l'accompagnent, en ayant soin, toutefois, de mettre de côté celles qui doivent être attribuées aux évacuations sanguines. Dans tous les cas à l'autopsie desquels j'ai pu assister, on ne trouvait absolument rien pour expliquer une mort aussi prompte, si ce n'est un engorgement général des plexus veineux, et des veines des centres nerveux et de leurs enveloppes. Les masses musculaires étaient flasques et pâles ; le tissu du cœur, également flasque et décoloré, présentait dans son épaisseur quelques pétéchies, surtout sous l'endocarde et vers le sillon auriculo-ventriculaire. Les poumons étaient d'un blanc mat, peu rosé, mais parsemés de taches rougeâtres dues à des infiltrations sanguines sous les plèvres. Le foie était jaunâtre, peu consistant. Les intestins présentèrent çà et là des plaques rougeâtres, d'une étendue variable entre celle d'une et de deux pièces de cinq francs, situées aussi bien du côté de l'insertion du mésentère que de celui de la grande courbure, et visiblement dues à une infiltration de sang par hypostase, en raison de l'absence de tout épanchement de plasma, sans qu'on puisse dire, cependant, que ces infiltrations se fissent remarquer aux places occupées par les *glandules de Brunner* ou les *plaques de Peyer* plutôt qu'ailleurs.

En rapprochant ces lésions des symptômes observés pendant la vie et avant l'action d'aucun agent *thérapeutique,* il y a lieu de croire que les infiltrations intestinales constituent à elles seules celles qui les déterminent ; et si, à part l'influence stupéfiante exercée par l'état diathésique, on songe aux caractères propres de l'expression symptomatique des lésions de l'appareil nerveux ganglionaire abdominal, on se rendra sans peine raison de la physionomie de cette affection, si bénigne en réalité, quand elle est bien comprise, mais qui peut prendre les proportions que nous venons de voir lorsqu'elle a été méconnue.

J'ai insisté quelque peu sur ce fait, dès maintenant, pour n'avoir pas à y revenir à propos des autres formes beaucoup plus graves par elles-mêmes, et dans lesquelles le même résultat a été si souvent amené *à fortiori.*

2° *Forme abdominale grave.*

D'après mes propres observations, cette forme, bien caractérisée, serait la plus rare de toutes. Dans les circonstances très-différentes de temps et de lieux où je me suis trouvé depuis que j'observe, je n'en ai pu voir que peu de cas bien complets, c'est-à-dire avec les altérations intestinales très-accusées et exclusives. Ainsi, sur dix-neuf typhoïdes que nous avons eus à la batterie d'artillerie dont j'ai parlé, jusqu'au moment où j'écris ces lignes, dans l'espace de trois mois environ, il ne s'en est rencontré qu'un seul. C'est à peu près toujours dans cette proportion que la forme abdominale grave se présente par rapport à la forme thoracique. Ce fait s'explique assez facilement du reste, et il ne faut pour cela que réfléchir à la proportion ordinaire des affections inflammatoires de l'intestin, chez le cheval, relativement à celles du poumon. Il faut donc tout un concours de circonstances particulières, que je chercherai plus tard à expliquer, pour faire fixer gravement sur les viscères abdominaux la diathèse typhoïde. Aussi faut-il remarquer, — et c'est ici le lieu de le faire, — que, pour établir la comparaison qu'ils avaient en vue, les auteurs ont jusqu'à présent été obligés de commenter, d'interpréter, de faire plier même à leurs idées préconçues, les observations consignées dans nos annales et relatives aux épizooties qui ont sévi à différentes époques, lesquelles n'étaient dues, bien évidemment, qu'à la forme bénigne que nous venons de voir. Je dois réserver cependant quelques observations recueillies en Afrique, et pour l'appréciation desquelles je déclare manquer complétement de compétence, n'ayant jamais observé dans ce pays.

Séméiologie — La forme abdominale grave de la diathèse typhoïde se fait principalement observer sur les chevaux au-dessous de cinq ans, que les circonstances de leur hygiène ont mis dans des conditions particulières. Je n'ai jamais remarqué qu'il fût possible de diviser rationnellement la marche des symptômes qu'elle présente en stades ou périodes, comme on a cherché à le faire, selon moi fort arbitrairement et sans utilité. Cette affection n'ayant rien d'éruptif, bien qu'on en ait dit encore à ce propos, ses symptômes généraux et particuliers suivent une marche continue, sans rémittences ni exacerbations, selon que la force conservatrice réagit heureusement ou se trouve matée par la maladie. Néanmoins, dans la pluralité des cas, la lutte n'est pas longue et la question est promptement jugée. Ce n'est que dans les organisations tout à fait dépourvues de ressort, que le mal peut traîner en longueur, pour se terminer, il est vrai, toujours par la mort.

Quoi qu'il en soit, le début s'annonce toujours par la cessation brusque de l'appétit. L'animal se met au bout de sa longe, la tête basse, les paupières flasques et abaissées, les yeux larmoyants, et son faciès accuse une expression difficile à définir, mais toute spéciale. Les praticiens me comprendront, j'espère, si je dis que ce faciès est abdominal; car, pour l'observateur attentif, l'expression de la physionomie de l'animal qui souffre du ventre est caractéristique. L'habitude générale exprime un abattement profond, une stupeur véritable. Tout ce qui peut se passer autour de l'animal lui est complétement étranger : ni son regard ni son oreille n'accuse la moindre préoccupation. Loin que ses attitudes affectent la station forcée, on le voit, au contraire, fléchir alternativement l'un ou l'autre des membres postérieurs, et changer même fréquemment le point d'appui, comme si le poids de son corps était trop lourd à porter pour la solidité actuelle de ses membres. Remarquons dès maintenant que ce signe a une double valeur diagnostique. La marche est titubante.

Telle est la physionomie générale du malade. Nous allons passer en revue, à présent, les symptômes fournis par les principales fonctions

A. *Digestion.* — L'appétit, comme je viens de le dire, est généralement nul pour les aliments solides ; le malade prend cependant les boissons avec plaisir, mais sans avidité. La bouche est sèche, sans grande chaleur, et la langue est fuligineuse à sa base, sans rougeur insolite de la pointe ni des bords. En palpant le pharynx, on ne provoque aucune douleur, non plus que dans la région cervicale de l'œsophage. La percussion des hypochondres, la pression exercée sur les régions gastrique et abdominale, déterminent des plaintes, sans que cependant l'animal fasse aucun mouvement pour s'y soustraire. L'auscultation de la cavité abdominale ne fait encore percevoir aucun bruit intestinal. La digestion est arrêtée, et le tube digestif paraît frappé d'atonie. La défécation est nulle. Les flancs sont légèrement retroussés et *cordés*.

B. *Respiration.* — Les mouvements respiratoires du flanc sont courts, tremblotants, et l'on saisit facilement une sorte de retenue, d'hésitation, dans leur accomplissement ; mais il n'y a rien là de tumultueux, ni même de bien accéléré. A la percussion, les deux côtés de la poitrine accusent une résonnance normale, et pas la moindre douleur. A l'auscultation, quelquefois on constate dans un ou plusieurs points de l'un ou des deux lobes pulmonaires une diminution très-circonscrite du bruit respiratoire, et c'est le plus souvent vers les régions inférieures et déclives ; dans d'autres cas, le parenchyme pulmonaire est parfaitement perméable partout, et l'oreille n'y peut distinguer qu'un affaiblissement général du bruit, dû au rhythme anormal de la respiration. Aucun râle ni bruit bronchique ou trachéal particulier ne se fait remarquer.

On saisira facilement toute l'importance de ces caractères négatifs au point de vue du diagnostic différentiel, si l'on veut bien considérer tous les points communs que, dans certains cas mal définis, les symptômes généraux présentent, que ce soit l'abdomen ou la poitrine qui ait été le lieu d'élection de la diathèse typhoïde. Nous aurons encore occasion, plus loin, de faire remarquer toute l'importance des signes fournis par l'auscultation , notamment dans la manifestation pulmonaire de cette diathèse.

C. *Circulation.* — Les muqueuses apparentes présentent des caractères particuliers de coloration et d'infiltration dont j'ai déjà parlé et sur lesquels j'aurai par la suite à insister , parce qu'ils ont une valeur de premier ordre dans le dignostic. La muqueuse gengivale, la pituitaire et surtout la conjonctive réflètent une teinte jaune pâle, sur fond d'un rouge lavé. Les ramuscules veineux qui les parcourent sont gorgés et tranchent sur le fond par leur teinte rouge bleuâtre foncé. C'est surtout dans la muqueuse oculaire que ce dernier caractère se fait bien remarquer, au milieu d'un boursoufflement général du tissu, produit visiblement par la transsudation de la partie albumineuse du sang veineux. Dans les cas à marche lente, la teinte jaunâtre du fond domine et laisse, par conséquent, trancher davantage les veinules engorgées.

Le pouls, exploré à la glosso-faciale, est mou, n'offrant aucune résistance à la dépression ; il est quelque peu accéléré. On n'y remarque pas cette plénitude, cette largeur et ces lentes pulsations des douleurs abdominales ordinaires, non plus que ce cachet fébrile des grandes réactions inflammatoires. Les pulsations cordiales, qu'on ne peut percevoir qu'en les auscultant, sont molles et sans énergie. Les deux bruits, au lieu d'être parfaitement tranchés et distincts, se confondent presque, et il faut une certaine attention pour les saisir. A part cette mollesse du son, aucun bruit anormal n'est perceptible. Particulièrement, il n'y a point de tintement métallique.

D. *Calorification.* — Il n'y a pas d'augmentation ni de diminution sensibles dans la chaleur du corps. La peau est sèche, sans traces de sueurs en aucune région. Les poils et les crins offrent peu de résistance à la traction.

E. *Sécrétions.* — La sécrétion des larmes est augmentée. Il n'y a jamais de salivation. L'excrétion de l'urine ne présente rien de particulier.

Voilà, rapidement énumérées, les modifications fonctionnelles produites dans l'économie du cheval par la forme abdominale grave de la diathèse typhoïde à son début.

Ces symptômes demeurent à peu près stationnaires pendant deux ou trois jours dans la pluralité des cas, ou du moins ils ne subissent que des variations peu sensibles, si un traitement rationnel leur est opposé dès l'abord. Je les ai vus quelquefois suivre avec une rapidité effrayante une marche de plus en plus funeste, en se compliquant de phénomènes nerveux très-intenses; mais il faut ajouter que cet effet s'est toujours invariablement produit à la suite d'émissions sanguines abondantes, pratiquées dans un but abortif. Le traitement, alors, enlevait à la fois le mal et le malade. Mais, dans les circonstances ordinaires, la marche de l'affection ne suit pas cependant une voie aussi rapide, bien qu'elle se produise de façon à permettre de pronostiquer assez promptement. Vers la fin du deuxième ou le commencement du troisième jour, on remarque un peu plus de stupeur encore dans la physionomie générale. Les muqueuses pâlissent. Le pouls est un peu moins perceptible et comme fuyant sous le doigt. L'auscultation abdominale fait entendre alors quelques borborygmes, et du gargouillement vers la région du bassin. Bientôt de la diarrhée se déclare, d'abord peu intense, et seulement signalée par l'expulsion de crottins ramollis, mais sans mauvaire odeur.

L'issue de la maladie est désormais étroitement liée à la marche de cette diarrhée. Les caractères qu'elle affecte doivent être considérés comme des signes certains non-seulement de la nature, mais encore de l'étendue des lésions intestinales.

Si, au moment du début du mal, l'animal qui en est atteint était dans un état d'embonpoint moyen, — ce qui est le plus ordinaire, — à cette phase on constate un amaigrissement assez prononcé. Les masses musculaires se sont affaissées, les hanches font saillie, les flancs sont relevés et creux. La queue est flasque, et les abaisseurs ne se contractent que bien faiblement pour opposer de la résistance à la force qui la soulève. Le sphincter de l'anus ne se contracte plus que mollement aussi, en un mot, l'atonie générale se manifeste par tous les signes qui lui sont ordinaires.

L'état que je viens de chercher à décrire se prolonge encore quelques jours, trois ou quatre au plus ; et, ce temps écoulé, il arrive de deux choses l'une : ou bien la diarrhée augmente et prend tout à fait les caractères d'un liquide séreux et infect, entraînant avec lui comme des débris putréfiés de matière organique ; et alors le malade refuse tout ce qu'on peut lui présenter, tombe comme dans une sorte de coma ; sa faiblesse devient extrême, ses pupilles se dilatent, son œil est morne et terne, et bientôt il se laisse choir pour mourir sans agonie. Quand la maladie suit cette marche, il est rare que le malade dépasse le huitième ou le neuvième jour après le début, et toutes les fois que cette diarrhée séreuse et infecte s'est présentée, jamais je n'ai vu le mal se terminer autrement que par une mort prompte.

Que si, au contraire, les modificateurs administrés ont été assez puissants pour prévenir la diarrhée, ou que d'elle-même la maladie ait pris une forme capable d'amener ce résultat, ce n'est point une raison pour que la terminaison de celle-ci soit nécessairement heureuse ; mais au moins elle revêt dès lors un autre type, qui prolongera la lutte et laissera plus de temps pour agir et essayer de triompher du mal. Il faut dire, à la vérité, que c'est bien rarement qu'on arrive à ce résultat ; car, pour avoir acquis des allures plus lentes, il n'en continue pas moins des ravages qui, à mesure qu'ils progressent, nous enlèvent de plus en plus les chances que nous pouvions avoir d'en prendre le dessus. Et cela fait de la forme abdominale grave de la diathèse typhoïde la plus redoutable de ses manifestations, sans contredit ; heureusement qu'en même temps elle en est incomparablement la plus rare.

Donc, lorsque la diarrhée manque, il arrive que chez quelques sujets les forces se remontent un peu ; de faibles velléités d'appétit se manifestent, et, si l'on a soin de choisir les aliments et de les présenter avec beaucoup de précautions, évitant ainsi de joindre aux effets de la maladie primitive ceux de l'inanition, qui, dans ces conditions, fait de rapides progrès ; si, dis-je, ces bonnes dispositions se manifestent et qu'on sache bien en profiter, il peut se faire qu'à la longue....... Mais j'anticipe ici sur un autre chapitre ; revenons à la marche de la maladie.

Le plus souvent ces velléités d'appétit ne sont qu'éphémères, et le malade demeure plongé dans une sorte d'état de stupidité qui l'empêche de leur donner suite. Il prend de lui-même une bouchée du fourrage qu'on lui présente, donne nonchalamment dessus un coup de dent, et le conserve ainsi entre ses molaires, sans paraître se souvenir qu'il vient de la prendre. Nous avons eu à l'infirmerie du 3e de cuirassiers un cheval du nom d'*Alcibiade*, dont j'aurai occasion de parler encore, et qui, dans cet état, demeurait parfaitement indifférent à tout ce qu'on pouvait mettre devant lui dans sa mangeoire, et aspirait avec beaucoup de facilité le contenu d'une bouteille dont on se bornait à lui placer le goulot dans la bouche, par la commissure des lèvres, ce à quoi il s'était promptement habitué. On a pu ainsi prolonger de quelques jours son existence ; ce qui n'a point empêché, bien entendu, que, joints aux altérations primitives du tube intestinal, les phénomènes d'inanition que ne pouvait manquer de produire cette alimentation insuffisante n'aient entraîné la mort de ce sujet.

Cet état pour ainsi dire automatique, cette absence plus ou moins complète de tout instinct, même de celui de conservation, — qui se perd le dernier, — est vraiment remarquable et tout à fait caractéristique ; car, soit dit en passant, on ne remarque rien de pareil dans l'entérite chronique, bien que cette affection influence profondément les facultés sensoriales et communique au faciès un aspect tout particulier ; mais, je le répète, il s'en faut de beaucoup que ce soit là cet idiotisme, ce crétinisme véritable (qu'on me passe ces mots), du cas présent. Ici, dès que vous avez fait prendre au malade une position quelconque, il n'y a garde que de lui-même il déplace jamais son chétif individu ; c'est à peine si la station lui est encore possible. Il appuie sur la mangeoire ses dents incisives ; ses crins cèdent par poignées à la moindre traction ; sa respiration est lente et profonde ; son pouls est inexplorable ; ses sphincters sont relâchés ; le pénis, chez le mâle, est le plus souvent pendant, et l'anus toujours béant ; souvent alors il y a hématurie. Dans ce misérable état, bientôt le malade chancelle et tombe, pour s'éteindre sans agonie, après un temps plus ou moins long, suivant sa force propre de résistance. J'en ai vu demeurer ainsi jusqu'à deux jours, tandis que d'autres ne dépassent pas deux heures.

Telles sont la marche et la physionomie les plus ordinaires de la diathèse typhoïde dans sa manifestation abdominale. Nous ne nous occupons ici, il faut le répéter, que des cas bien accusés et dans lesquels les altérations intestinales sont exclusives, ou dominent assez pour lui imprimer leur cachet propre. Il est nécessaire de ne pas perdre de vue, cependant, qu'il est des cas pour ainsi dire mixtes, dans lesquels la maladie participe presque également des deux formes que nous avons admises en commençant. Mais je suis convaincu qu'il sera beaucoup plus convenable de ne nous y arrêter que lorsque nous aurons fait l'histoire de la forme thoracique; pour cette raison que ce qui ne pourrait ici être envisagé que comme une complication presque insignifiante, eu égard à la gravité de celle qui nous occupe, deviendra alors digne du plus grand intérêt. Nous passerons donc de suite aux lésions révélées par l'autopsie.

ANATOMIE PATHOLOGIQUE. — Nous ne pouvons entreprendre l'étude de ces lésions sans faire remarquer que, en vertu de l'importance que les auteurs vétérinaires ont voulu leur reconnaître, elles ont été précisément l'écueil contre lequel, il ne faut pas craindre de le dire, ils sont tous venus échouer; et j'ajouterai qu'à cause de l'expérience que j'ai acquise de la chose, sans avoir en rien l'intention de blesser personne, je me défie de plusieurs descriptions *trop complètes* et trop minutieusement conformes à celles de la dothinentérie humaine qui en ont été données. J'affirme donc que, pour ma part, j'aborde ce sujet l'esprit dégagé de toute espèce de comparaison préconçue, et je me permets de croire que la description que j'en vais faire n'y perdra pas.

Cela dit, pour plus d'ordre, nous passerons successivement en revue les différents appareils d'organes, pour constater à mesure les altérations qu'ils présentent.

A. *Appareil musculaire.* — Ce qui frappe d'abord à l'autopsie, et avant toute exploration ultérieure, c'est l'état extérieur du cadavre et, par conséquent, celui du système musculaire. Quelle qu'ait été la marche et la durée de l'affection, si, — ce qui doit toujours être fait ainsi pour rendre les autopsies réellement fructueuses en pareil cas, — si, dis-je, on y procède en un temps le plus possible rapproché de la mort, les muscles sont émaciés, *sans que pour cela la graisse ait complétement disparu des points où on la rencontre d'habitude;*

et ce qui mérite surtout une attention particulière, c'est la teinte jaunâtre que reflète le fond rouge pâle de leur couleur. Je ne parlerai pas des traces de contusions, déterminées parfois sur les parties saillantes par le décubitus plus ou moins prolongé. Les masses musculaires semblent être pénétrées d'une infiltration légère, qui leur communiquerait cette teinte dont je viens de parler. On ne remarque ni dans l'épaisseur des muscles ni dans les interstices qui les séparent aucune trace de pétéchie ou d'épanchement ecchymotique. Leur coloration présente les caractères que je viens de dire, au lieu de ce rouge vif de l'état normal : voilà tout ; et si j'insiste sur ce point, c'est que je le crois particulier à la diathèse typhoïde et commun, par conséquent, à ses deux formes ; et comme, pour ce motif, je n'y reviendrai plus, je désire qu'il soit bien compris. Du reste, je dois m'en rapporter à la sagacité éclairée des observateurs qui voudront bien arrêter leur attention sur ce fait précieux, au point de vue où nous nous plaçons dans ce travail.

B. *Appareil digestif.* — La bouche, le pharynx et l'œsophage ne présentent ordinairement rien de particulier, au moins comme lésions importantes. Il faut arriver à l'estomac pour commencer à en trouver ; en sorte que ce n'est pas précisément la forme *digestive* que celle dont il s'agit ici, mais plutôt la forme *abdominale,* et nous avons donc eu raison de la désigner ainsi.

Estomac. Le sac gauche, à part les larves d'œstres qui s'y rencontrent presque toujours en plus ou moins grand nombre (j'ai surtout ouvert des chevaux de pâturages), ne m'a jamais offert aucune modification particulière, si ce n'est peut-être une coloration plus pâle. Le viscère étant généralement dépourvu de matières alimentaires, le sac droit se présente ordinairement avec une coloration grisâtre, à travers laquelle on remarque çà et là quelques points rosés. Cette coloration lui est communiquée par une couche de mucus concrété, sans doute, qui dissimule les papilles de la muqueuse, si abondantes et si développées à cet endroit. Il s'est rencontré des cas où il n'était possible de saisir aucune différence avec l'état normal, et d'autres où il se montrait des places d'un rouge vif, comme de larges érosions de forme elliptique.

Intestin grêle. L'aspect extérieur et général de cet intestin est variable suivant la durée de la maladie et suivant, aussi, les circonstances d'alimentation qui l'ont accompagnée. Il s'est trouvé des cas (par exemple celui dont j'ai parlé et dont le sujet n'avait longtemps que humé le contenu d'une bouteille plusieurs fois par jour) où cet intestin était réduit, comme circonférence, à sa plus simple expression. Dans les cas rapides ou moyennement lents, au contraire, il conserve ses proportions ordinaires ; mais toujours on constate, dans des points plus ou moins considérables de son étendue, une coloration rosée ou rouge pâle de sa surface, à laquelle le péritoine est évidemment étranger. Les ganglions du mésentère sont généralement gonflés par une infiltration jaunâtre, quelquefois par du sang en nature, et, par conséquent, se montrent alors colorés en rouge foncé. Les veines sont toujours gorgées d'un sang tantôt encore fluide au moment de l'autopsie, mais le plus souvent pris en caillot marbré et peu consistant ; les racines veineuses qui émergent de la surface de l'intestin le sont également, et cela est surtout remarquable dans les nombreux sinus qui se rencontrent entre la tunique charnue et la muqueuse, dans différents points de l'organe. Il en est de même de celui contenu dans la veine cave et dans la veine porte.

Mais c'est en l'ouvrant dans toute son étendue que l'on constate les principales lésions. Au duodenum, d'abord, rarement on trouve quelque chose, si ce n'est la continuation de cette couche de mucus grisâtre que nous avons vue dans le ventricule droit. En avançant et en enlevant ce mucus, soit par le lavage, soit en grattant avec le dos de l'instrument, la muqueuse paraît sensiblement épaissie et infiltrée, en prenant une nuance gris légèrement bleuâtre, comme plombée. Quelquefois sa surface, dans une assez grande étendue, présente un piqueté noir assez rapproché, comme si on l'eût saupoudrée de charbon ou de noir de fumée ; et, dans ce cas, le grattage enlève une mince couche d'une sorte de bouillie d'un vert sombre, qui laisse à nu la muqueuse pâle et épaissie, et dont la substance se laisse facilement enlever par cette même opération. Le plus souvent ces caractères manquent ou sont peu accusés, et la teinte plombée seule subsiste dans toute l'étendue de la première portion de l'intestin grêle, avec l'infiltration de son tissu et l'engorgement des sinus veineux. Jamais il ne m'a été donné de constater la moindre altération qui fût particulière aux *glandules de Brunner,* qui, comme on sait, se trouvent situées exclusivement dans la portion pylorique de l'intestin grêle. Ces glandules sont plus apparentes seulement, en raison de l'hypertrophie que leur communique l'infiltration générale de la muqueuse.

Ces lésions s'étendent rarement beaucoup au delà des premiers mètres de la portion flottante. La suite de l'intestin, dans une certaine étendue, en est presque constamment exempte, et l'on n'y peut constater rien autre chose qu'un peu d'infiltration et une prédominance de la nuance grise. Mais c'est dans les deux ou trois mètres qui forment à peu près la partie moyenne de cet organe que l'on trouve toujours les lésions les plus remarquables. Le fond de la muqueuse est généralement engoué de sang, ce qui donne à celle-ci une plus grande épaisseur et une coloration d'un rouge livide. Ce que cette infiltration présente surtout de remarquable, c'est qu'il est facile de voir qu'elle n'est pas due à une hypérémie active des capillaires de l'intestin, et constituée par des arborisations colorées en rose de ces capillaires : on saisit du premier coup d'œil, au contraire, pour peu qu'on y regarde attentivement, qu'elle reconnaît pour cause des transsudations veineuses ; et ce qui le prouve surabondamment, c'est qu'elle est plus prononcée dans le rayon de chaque petit sinus veineux formant racine aux veines mésentériques. En un mot, il est patent que ce n'est jamais là qu'une hypérémie par hypostase. Fréquemment on remarque dans des points variables de ces lésions de petites agglomérations de pétéchies, de nombre et de volume variables, mais le plus souvent rayonnées, de la circonférence chacune d'une pièce de cinquante centimes et au nombre de trois ou quatre. Elles forment en ces points des élevures peu saillantes, mais d'une couleur plus vive, comme de petits caillots sanguins sous-muqueux. Dans d'autres cas, — et celui d'*Alcibiade* était de ce nombre, — bien que l'autopsie ait été pratiquée quelques heures seulement après la mort, la muqueuse de l'intestin grêle, dans la presque totalité de sa portion flottante, présente un état tout à fait conforme à ce qui est connu sous le nom de lividité cadavérique, et sa substance paraît sur le point de tomber en putrilage, tant elle cède facilement au grattage du scalpel. Dans d'autres cas enfin, mais bien rarement et seulement (du moins suis-je porté à le croire) chez les jeunes sujets, sur lesquels la maladie affecte un type très-aigu, surtout quand elle est provoquée par une cause comme celle qui a été observée à Saint-Jean-d'Angély, et dont j'aurai à parler plus tard ; dans ces cas, dis-je, on constate, au milieu de cette hyperhémie dont il vient d'être question, de petites ulcérations, de petites pertes de substance, isolées ou groupées, et disséminées dans l'étendue de l'intestin. Ces ulcérations véritables paraissent résulter d'un travail purement chimique, par suite de la mortification locale des points aussi nombreux que restreints qu'elles occupent ; car il n'est pas possible de reconnaître ni épaississement de leurs bords ni aréole inflammatoire, d'autant mieux qu'elles se rencontrent au milieu d'un tissu qui paraît évidemment soustrait lui-même aux influences conservatrices de la vie. Maintenant, siégent-elles exclusivement ou plus particulièrement même dans les *glandules agminées de Peyer ?* C'est ce qu'il me serait bien impossible de dire, et je ne vois même pas de quelle importance cela pourrait être. Plusieurs observateurs prétendent qu'il en est ainsi. Quant aux cas que j'ai pu voir, il n'y avait à cet égard rien de particulier à ces petits organes, fort difficiles, du reste, à bien saisir au milieu de l'altération. Tout ce que je puis affirmer, c'est que toutes les parties de la muqueuse participent aux lésions que j'ai décrites, et que, par conséquent, les glandules de Peyer en ont leur part, mais rien de plus.

La portion cœcale de l'intestin grêle ne présente jamais de lésions bien sensibles.

Gros intestin. A l'extérieur, ce viscère ne présente rien de particulier, à part peut-être un peu de rétrécissement dans quelques cas. On trouve, en ouvrant le cœcum, un peu de liquide jaune verdâtre dans le plus grand nombre. Dans la portion repliée et dans la portion flottante du colon on trouve quelques débris alimentaires non digérés dans le premier, et roulés en crottins petits et fortement enduits de mucus vers le rectum lorsque la diarrhée a cessé depuis plusieurs jours. Dans le cas contraire, on n'y rencontre qu'un liquide d'un vert jaunâtre, infect, et mélangé de mucosités et de débris de la muqueuse intestinale. Celle-ci, dans toute l'étendue du gros intestin, c'est-à-dire depuis le cœcum jusqu'à l'anus, est toujours, et dans tous les cas, le siége d'une hypérémie par hypostase qui lui communique une teinte rouge noirâtre, mêlée de gris, et qui lui donne une épaisseur sensiblement augmentée. Lorsqu'il existe des ulcérations dans l'intestin grêle, la muqueuse du gros colon en est également criblée, surtout à la surface des plis occasionnés par les bandes longitudinales dites valvules conniventes. Ici, ces ulcérations sont seulement plus étendues et plus visibles après avoir débarrassé la membrane des mucosités infectes, qui la recouvrent alors, par un lavage. Elles sont de forme variable, les unes rondes, d'autres elliptiques plus ou moins allongées ; différences qui me paraissent dues à leur situation respective sur des points saillants ou uniformément plans.

Foie. S'il est, dans cette affection, une lésion qui soit constante et se présente toujours, quelle que soit la forme de celle-ci, c'est assurément la modification subie par le foie.

Cet organe se présente toujours avec une augmentation de volume plus ou moins considérable. Il déborde constamment à droite l'hypochondre d'une étendue de 4 à 5 centimètres, et s'étend à gauche et en bas de manière à dépasser d'à peu près autant les limites de l'estomac distendu. Au lieu de présenter sa coloration normale, qui est d'un rouge brun foncé, il offre une nuance brun jaunâtre se rapprochant de la couleur du chocolat. Son tissu est plus friable, moins résistant, et l'on a coutume de dire qu'il est comme cuit, bien qu'il serait plus rationnel, selon moi, de le comparer au foie bouilli dans l'eau ; car sa consistance et surtout son infiltration albumineuse manifeste ne permettent pas de le rapprocher justement du premier état, qui s'entend nécessairement de l'action seule et isolée d'une chaleur plus ou moins élevée. Celle-ci, en même temps, communique à la substance du foie une teinte plus foncée que celle qui lui appartient dans la circonstance, et qui se rapproche beaucoup de la nuance *feuille-morte.*

Les veines sous- et sus-hépatiques contiennent des caillots très-noirs et peu consistants, comme, du reste, tous les vaisseaux abdominaux du même ordre. Les canaux biliaires et le conduit cholédoque ne présentent rien de particulier. Aucun épanchement sanguin, soit pétéchie, soit ecchymose, ne se fait remarquer dans l'épaisseur du tissu ou sous la capsule de Glisson.

Rate. Tantôt cet organe est gonflé par du sang, tantôt il se présente avec ses dimensions moyennes et complétement dégorgé. On peut dire même que ce dernier cas est le plus ordinaire, ce qui porte tout naturellement à croire que ces variations dans le volume de la rate sont étrangères à la maladie et uniquement liées à l'état de la fonction digestive au moment de la mort. On remarque, en effet, qu'un gonflement plus considérable de la rate correspond ordinairement à la présence d'une certaine quantité de matières alimentaires dans l'estomac, et que dans les cas très-aigus, ou lorsque l'alimentation a été presque nulle, cet organe a été réduit à sa plus simple expression. C'est ce que nous avons pu observer chez notre *Alcibiade.* Du reste, le parenchyme ne présente jamais aucun état pathologique.

Cette absence de lésions dans la rate a une grande valeur à certain point de vue, et nous y reviendrons en temps et lieu.

Pancréas. Rien à noter. Comme lésion générale de la cavité, on trouve quelquefois un peu d'ascite.

C. *Appareil génito-urinaire.* — Les reins, peut-être un peu plus volumineux, ont toujours subi dans leur coloration une altération visible. Ils sont pâles ; leur tissu est mou et flasque, et ne résiste pas à l'instrument qui le tranche. On remarque parfois dans la substance tubuleuse quelques pétéchies disséminées et peu intenses : c'est surtout lorsqu'il y a eu de l'hématurie, vers la fin de la maladie. La muqueuse vésicale, celles de l'utérus et du vagin, chez la femelle, ne présentent le plus souvent aucun autre signe qu'une pâleur jaunâtre. On trouve quelquefois dans la vessie de l'urine légèrement rougie et des caillots marbrés de noir.

D. *Appareil respiratoire.* — Les quelques lésions que l'on trouve parfois dans les organes respiratoires ne sont évidemment qu'accessoires et uniquement liées à l'état général. Ainsi, par exception, il existe dans la muqueuse du larynx, de la trachée et des bronches de légères hyperémies, qui se sont accusées pendant la vie par de la toux. Un peu d'engouement du tissu pulmonaire, dans un ou plusieurs points isolés, accompagne ces lésions dans certains cas. Mais il en est où l'on constate toujours cet engouement dans des proportions assez étendues et assez accusées, c'est lorsque le décubitus prolongé a précédé la mort ; et alors c'est, bien entendu, du côté sur lequel celui-ci a eu lieu qu'il se présente. On distingue facilement cet engouement *ante mortem* de celui qui s'effectue dans le reste de l'organe *post mortem.*

Les plèvres ne présentent que bien rarement de petites hyperhémies isolées et disséminées sur toute leur étendue. Ce qui ne manque jamais, par exemple, dans les cas qui ont un peu traîné en longueur, c'est une petite quantité de liquide jaunâtre épanchée dans leur sac, laquelle ne dépasse jamais cependant la capacité d'un verre ordinaire, à peu près, dans ses limites extrêmes.

E. *Appareil circulatoire.* — Le péricarde, dans les mêmes circonstances, contient également de 1 à 2 centilitres du même liquide. Le cœur est pâle, jaunâtre, flasque, surtout vers les oreillettes. Les environs des vaisseaux qui occupent la scissure auriculo-ventriculaire sont souvent occupés par des pétéchies plus ou moins étendues. Le tissu se coupe difficilement, à cause de son peu de résistance, mais il s'écrase sous les doigts avec la plus grande facilité. La décoloration des fibres, comparées à celles d'un cœur sain, est extrêmement remarquable. Le ventricule aortique contient le plus souvent un caillot mince, peu résistant, allongé et d'un gris marbré de noir. Le ventricule veineux est toujours complétement obstrué par un caillot très-noir, fluant, ou par du sang encore liquide. Ces caractères se continuent dans les gros vaisseaux qui sont en communication avec les deux cavités cardiennes. Je n'ai jamais constaté, ni sur l'endocarde, ni sur la tunique interne des gros vaisseaux, aucune coloration anormale.

F. *Appareil nerveux.* — Toutes les fois qu'il a été possible d'explorer les centres nerveux, on a toujours pu noter une stase sanguine dans les veines cérébrales, et surtout dans ceux de ces vaisseaux qui occupent la base du cerveau. On a cru remarquer aussi, parfois, une certaine augmentation et une coloration plus foncée du liquide ventriculaire ; mais peut-être n'est-ce qu'une illusion, car les recherches de cette nature sont si délicates et si facilement trompeuses qu'on ne saurait mettre trop de réserve dans l'énoncé des résultats que l'on croit avoir constatés. Je ne donnerai donc ici comme bien positif que l'engorgement des sinus veineux de l'encéphale et des veines des enveloppes en général.

En résumé, disons dès maintenant que, s'il n'est pas possible de trouver dans les lésions que je viens d'énumérer rien qui ressemble à ce cachet de spécificité qu'on a voulu à toute force y faire voir pour les besoins d'une cause au moins oiseuse actuellement, il n'en est pas moins conforme à l'observation de reconnaître que leur ensemble, rapproché des symptômes plus haut décrits, donne à cette forme de l'affection un caractère si particulier et si bien tranché, qu'il suffirait de cela pour lui faire occuper rationnellement une place à part dans le cadre nosologique. Mais il y a encore des raisons bien plus péremptoires que nous verrons par la suite. Il nous faut d'abord continuer la description générale que nous avons entreprise, et passer à la seconde forme que nous avons reconnue à la diathèse dont il s'agit.

II.

FORME THORACIQUE.

La forme abdominale grave, ai-je dit en commençant à décrire cette manifestation de la diathèse typhoïde, se présente ordinairement, par rapport à la forme thoracique, dans la proportion d'un vingtième environ. Ce n'est point à dire pour cela, ajouterai-je ici, que dans toute épizootie typhoïde, par exemple, les cas doivent nécessairement se mêler dans cette proportion ; car il arrive quelquefois qu'il se présente une série continue de plusieurs de ceux du premier ordre, et cela pour des raisons que l'on peut jusqu'à un certain point apprécier ; mais, en parlant ainsi, je n'ai voulu, on le concevra sans peine, qu'exprimer un fait général d'observation. Il peut très-bien se faire, d'aventure, que tel lecteur de ceci ne se soit jamais trouvé en position d'en observer aucun ; tandis qu'il aura vu la forme thoracique, ou même pas une des deux. Je n'ai point, de mon côté, pendant six années de pratique civile, traité une seule fluxion de poitrine, ce qui s'appelle une seule pneumonie franche !.... C'est que les milieux font les maladies, comme tout le reste ; et je ne serais point surpris d'être accusé, moi aussi, de description imaginaire, par quelques-uns de ceux qui ont le tort de révoquer en doute tout ce qu'ils n'ont pas été à même de voir. J'ai l'espoir qu'il n'en sera pas ainsi de la part du plus grand nombre de mes honorables confrères de l'armée, car il en est bien peu, j'imagine, qui n'aient eu à lutter contre ces redoutables affections, et qui ne les reconnaissent parfaitement, pour cette raison que j'écris ici sous la dictée immédiate de l'observation clinique. J'ai surtout cet espoir pour ce qui se rapporte à la forme dont il va être question dans ce chapitre, parce que je crois qu'on pourrait sans crainte poser en fait qu'il n'en est pas un seul qui ne l'ait observée, qu'il s'en soit ou non rendu compte.

C'est qu'en effet il résulte du témoignage de tous les praticiens militaires, et il ne faut que jeter un coup d'œil sur le *Recueil des mémoires de la commission d'hygiène* pour s'en apercevoir, que les affections des voies respiratoires attaquent le cheval de troupe avec une sorte de prédilection, si l'on peut ainsi dire ; prédilection qui se comprend de reste, après tout. Il n'est donc point surprenant que dix-neuf fois sur vingt, et peut-être même plus souvent que cela encore, la diathèse typhoïde vienne se traduire en une de ces affections, et se manifester sous la forme d'une pneumonie, d'une broncho-pneumonie, d'une pleuro-pneumonie, comme différents auteurs ou observateurs ont appelé cette manifestion, que nous sommes convenus de désigner, nous, sous l'épithète de *forme thoracique,* et dont je vais esquisser la description.

Séméiologie. — Une des difficultés réelles et fertiles en résultats funestes que présente cette affection, c'est son début insidieux. Assez ordinairement, pour les gens préposés au pansage et à la conduite des chevaux en général et de ceux de troupe surtout, qui sont surveillés de si près, le début des maladies aiguës, de quelque nature qu'elles soient, ne s'accuse que par la cessation de l'appétit. Or, dans ce cas, si l'on attendait ce signe, on s'exposerait à arriver trop tard, car alors le mal aurait fait des progrès déjà considérables ; et c'est ce qui est arrivé sans doute bien des fois. L'appétit, en effet, ne subit que rarement des modifications dès le début, à moins que le cas soit mixte et que l'intestin participe à l'état pathologique, comme cela se présente quelquefois. Mais dans la forme thoracique pure, il n'y a que la toux légère qui accompagne et signale certains débuts, qui puisse attirer l'attention des personnes étrangères à l'art. Dans la généralité des cas, il faut absolument l'œil exercé du praticien pour saisir ce que l'on peut appeler les prodromes du mal. Le plus ordinairement, c'est par une légère altération des mouvements respiratoires du flan qu'il est mis sur la voie.

Après les développements que j'ai consacrés à la symptomatologie générale de la forme abdominale grave, il serait parfaitement superflu de répéter ici mot pour mot ce qui, dans ces développements, se rapporte à l'état général et est, par conséquent, commun aux deux formes. Je me bornerai donc à indiquer les points particuliers. Cela épargnera le temps du lecteur et ne nuira en rien à l'exactitude de la description.

Une légère altération des mouvements respiratoires du flanc, dis-je, et quelquefois un peu de toux, sont les seuls premiers signes du début. L'appétit n'a encore subi aucune atteinte; les reins sont souples; la défécation et l'excrétion de l'urine s'opèrent normalement. La bouche n'accuse encore aucune chaleur insolite. La conjonctive présente cette teinte jaunâtre et cette infiltration dont nous avons déjà parlé, mais le fond est plus pâle, et, chose bien à noter, on n'y remarque pas cette injection veineuse que nous avons constatée ailleurs. Le pouls faible, sans ressort et un peu accéléré, — ce pouls que j'appellerais volontiers typhoïde, parce qu'il est bien caractéristique pour celui qui l'a étudié, — se fait remarquer. L'auscultation trachéale fait percevoir un bruit un peu sec, surtout pendant l'expiration, qui est légèrement saccadée. Si l'on percute la poitrine, la résonnance paraît normale dans toute son étendue. Un peu de sensibilité se manifeste dans quelques cas. A l'auscultation, on constate que toutes les parties du poumon sont encore perméables à l'air; seulement il arrive que parfois l'intensité du murmure est sensiblement diminuée vers les parties inférieures, et d'autres fois que le bruit bronchique, lui aussi, est un peu sec. Du reste, aucun râle. Les pulsations cordiales sont molles, peu intenses, percevables seulement à l'auscultation attentive, et peu distinctes quant aux deux temps qui les constituent normalement.

Ainsi, eu égard à l'importance qu'il y a toujours à discerner le caractère propre d'une maladie au milieu de ses premiers symptômes, parce que c'est seulement dans ce cas qu'il est possible d'en faire avorter la complète explosion ; en considérant l'ensemble des signes positifs et négatifs dont l'énumération vient d'être faite, il n'y a que l'état du pouls et celui de la conjonctive qui aient ici une valeur réelle. Mais cette valeur est si considérable, les conséquences de sa saine interprétation peuvent être d'une si grande portée pour l'issue de la maladie, qu'on ne saurait trop attirer l'attention des praticiens sur ces deux premiers symptômes.

Certes, pour un esprit inattentif ou non averti, ce qui est à peu près la même chose, l'habitude générale de l'animal est encore trop peu modifiée ; la légère altération du flanc, quelquefois accompagnée d'un peu de toux, n'entraîne pas ordinairement des suites assez graves pour qu'il ne suffise pas de soumettre celui-ci à quelques jours de régime blanc pour voir tout rentrer dans l'ordre. C'est ainsi, en effet, que les choses se passent, lorsqu'il n'est question que d'une légère atteinte de la diathèse gourmeuse. Mais ici l'on s'exposerait positivement à perdre un temps précieux si l'on agissait de cette façon, et l'expérience me l'a démontré bien des fois.

Si, effectivement, on remet au lendemain pour agir avec vigueur, on observe alors que la physionomie générale du malade n'a point sensiblement changé ; l'appétit n'a encore subi qu'une diminution bien peu sensible ; il n'y a point de fièvre ; mais cependant la toux, quand elle existe, est un peu plus forte que la veille, les battements du flanc sont plus nombreux et plus courts ; celui-ci commence à se corder légèrement. La conjonctive et le pouls ont toujours les mêmes caractères ; la percussion de la poitrine n'accuse encore rien de particulier ; mais à l'auscultation on commence à percevoir un peu de bruit supplémentaire dans la région supérieure de l'un ou l'autre des deux poumons, ou même dans les deux à la fois ; sans qu'on puisse toutefois constater nettement encore la cessation du murmure normal en aucun point. Lorsqu'il y a toux, c'est alors que l'on commence à ausculter quelques râles muqueux dans les bronches. J'ai vu, à ce moment, dans de rares circonstances, quelques symptômes nerveux se manifester, comme un peu de lombago, par exemple, de la faiblesse ou de la raideur dans le train postérieur.

Ces signes, qui demandent une attention éclairée pour être perçus, sont le plus souvent méconnus, et ce n'est que le troisième jour, au plus tôt, que le vétérinaire qui ne s'est pas mis de lui-même en garde contre pareille chose est appelé à examiner le malade. Alors la maladie est tout à fait déclarée, et il n'y a plus moyen de la méconnaître. Chez quelques sujets, l'appétit diminue ou cesse complétement, mais c'est le plus petit nombre ; et c'est dans cette occurrence que le vétérinaire est infailliblement appelé. Chez d'autres il persiste encore, et il y a par ce fait beaucoup de chances pour qu'on laisse le mal progresser en paix.

Quoi qu'il en soit, à ce moment une expression de tristesse se fait remarquer dans la physionomie du malade. S'il continue à manger, ce n'est plus qu'avec une certaine nonchalance. Le faciès a un certain caractère d'anxiété : l'œil est fixe et les naseaux un peu dilatés. Le pouls est un peu plus vite et moins sensible que la veille. La conjonctive prend une teinte plus foncée, ainsi que la pituitaire ; il s'établit un peu de jetage rouillé, et le moindre mouvement provoque la plainte. Les mouvements du flanc sont courts, précipités, sans soubresaut cependant, ni torsion des hypochondres. La percussion de la poitrine fait percevoir tantôt à droite, tantôt à gauche, mais rarement des deux côtés à la fois, une sonorité exagérée dans la région supérieure, dans une étendue variable, et de la matité dans le quart ou le tiers inférieur. A l'auscultation, on perçoit dans les régions qui correspondent à la sonorité anormale une augmentation très-nette du murmure respiratoire ou bruit supplémentaire, et un peu de râle bronchique au niveau des grosses divisions, ou de râles muqueux à grosses bulles dans certains cas. Dans une étendue variable selon l'intensité du mal de la région inférieure du poumon, on constate l'absence de tout bruit ; et, dans ces points, le murmure respiratoire est remplacé par une perception plus nette des pulsations cordiales. Sur la limite de l'imperméabilité, il y a *absence complète de râles crépitants d'aucune sorte.*

Dans quelques cas rares, tout à fait au niveau du bord sternal du poumon, on entend parfois un peu de craquement.

L'importance des signes stéthoscopiques dans le diagnostic des affections de poitrine est universellement reconnue, et, dans ce cas particulier, celle qui leur est propre est telle qu'ils peuvent seuls fournir un caractère positif, infaillible, et qui suffit pour établir solidement le diagnostic différentiel. Je veux parler de l'*absence des râles crépitants*, caractéristiques de la phlegmasie pulmonaire, et si faciles à percevoir dans ce dernier cas pour l'oreille tant soit peu exercée. Et pourtant il s'est trouvé un auteur vétérinaire qui, se basant sur des difficultés exagérées à plaisir, pour l'application au cheval de ce procédé précieux d'investigation, n'a pas craint d'en proclamer la stérilité au bénéfice des symptômes généraux. En lisant les raisons fort éloquentes, ma foi, que cet auteur a données à l'appui de sa manière de voir, je n'ai pu me dispenser de songer à ce renard de la fable qui avait entrepris de démontrer à ses pareils que leur queue n'était qu'un ornement vain et inutile. On sait que ceux-ci trouvèrent facilement la raison de ce plaidoyer. En tournant leurs regards vers le lieu qu'occupe ordinairement cet appendice, ils s'aperçurent que le pauvre mangeur de poules en avait été privé.

S'il est des cas exceptionnels dans lesquels, en raison de ce que les lésions pulmonaires n'occupent qu'une portion de la moitié interne des lobes pulmonaires, les signes fournis par l'auscultation peuvent faire prendre le change aux esprits inattentifs, il est constant que la pratique de ce moyen d'investigation ne peut être de quelque secours que pour ceux qui y sont suffisamment initiés; je ne dis pas par l'étude des livres, fort bien faits, du reste, que nous possédons sur cette matière, mais par une éducation pratique et directe de l'oreille, sous la direction d'un maître habile. Mais c'en est assez de cette digression, qui avait cependant son utilité pour fixer d'une manière plus certaine l'attention des praticiens sur le signe dont il vient d'être question, et dont ils constateront sans peine l'exactitude dans toutes les phases de la maladie.

Ainsi, je le répète, l'auscultation de la poitrine fait ici percevoir les signes ordinaires de la première phase de l'inflammation pulmonaire, *sauf le râle crépitant humide,* caractère reconnu comme univoque de cette inflammation, soit à son début, soit lorsqu'elle est en voie de résolution. Un pareil caractère, loin d'être dédaigné, mérite donc d'être pris en sérieuse considération, et, encore un coup, je ne saurais trop recommander son étude aux observateurs consciencieux.

Ceci bien entendu, reprenons notre esquisse et suivons la maladie dans la marche qu'elle affecte le plus souvent.

Les altérations pulmonaires étant ainsi perçues, et l'on peut dire aussi mesurées par l'oreille, vers le troisième jour après les premiers symptômes, il peut se présenter trois cas, dans le courant de ceux qui doivent lui faire atteindre le premier septénaire : ou bien il s'y manifestera une augmentation progressivement plus étendue, jusqu'à rendre insuffisante à la continuation de la vie la portion perméable ; ou bien s'y joindra les symptômes d'un épanchement pleurétique rapide ; ou enfin, bien que les lésions pulmonaires ne paraissent pas sensiblement augmenter, l'état général prendra de son côté des caractères de plus en plus alarmants, ce qui arrive toujours, naturellement, dans les deux premiers cas. Nous allons suivre à part chacune de ces trois terminaisons ordinaires de la forme thoracique de la diathèse typhoïde, insuffisamment, ou irrationnellement, ou inutilement combattue. Nous esquisserons ensuite en peu de mots sa marche vers une résolution complète.

A part l'envahissement toujours plus considérable de la substance pulmonaire, envahissement que l'oreille peut suivre pour ainsi dire pas à pas, sans jamais lui trouver d'autre signe, toutefois, que la disparition complète de tout bruit respiratoire, et notamment sans qu'il soit accompagné du bruit de souffle, caractéristique de l'hépatisation ; à part cela, lorsque la maladie doit suivre cette marche funeste dont il a été question en premier lieu, les symptômes généraux acquièrent une intensité corrélative. La stupeur augmente ; l'appétit est nul, comme la soif ; la respiration s'accompagne d'une anxiété toujours plus considérable ; l'œil devient fixe, les pupilles se dilatent ; les naseaux sont ouverts, et il s'en écoule un jetage d'un jaune rougeâtre. La pituitaire prend une teinte livide, violacée, et la conjonctive revêt les mêmes caractères. Le pouls est petit, filant, à peine explorable, et tombe bientôt au point de devenir tout à fait misérable. Les battements du cœur arrivent à un tel degré de précipitation et de faiblesse qu'il est impossible de les percevoir distinctement. Les mouvements du flanc deviennent si rapides qu'il faut renoncer à les compter. Le ventre est réduit à sa plus simple expression. L'équilibre est si instable que la moindre tentative de déplacement rendrait la chute certaine. A ce moment, l'expression faciale est vraiment pénible à voir : c'est déjà celle de l'agonie. Les oreilles, le chanfrein, le bout du nez, les extrémités des membres, tout cela se refroidit. La diminution du calorique gagne rapidement le tronc. L'animal, à bout de forces, tombe tout à coup ; son œil s'excave, ses muqueuses apparentes prennent la teinte tout à fait bleuâtre ; sa langue pend hors de la bouche ; son corps se couvre en quelques points de sueurs froides ; il se débat un court instant, comme pour prolonger une lutte désormais inutile, et ne tarde pas à expirer. C'est du cinquième au septième jour, au plus, qu'arrive ce fâcheux dénouement.

Que si c'est par l'épanchement pleurétique que la scène doive se terminer, on ne tarde point à s'apercevoir des progrès de celui-ci par les signes si connus qui décèlent sa présence. Ainsi, une expression particulière de la physionomie, l'éclat et une certaine proéminence du globe de l'œil, la contraction spasmodique des muscles dilatateurs des ailes du nez ; l'absence de sonorité, ou matité, et la cessation du murmure respiratoire dans des points exactement correspondants des deux côtés de la poitrine, le bruit de glouglou, ou la sensation d'un liquide qui se déplace par le fait des mouvements de la cage thoracique ; mais surtout l'expiration saccadée et suivie d'un mouvement de torsion des fausses côtes, se prolongeant jusqu'au sternum : tout cela ne peut laisser aucun doute dans l'esprit. Ici encore, comme c'est toujours par asphyxie que le malade succombe, les mêmes phénomènes que nous venons d'esquisser se produisent nécessairement. Il serait donc inutile de les répéter. Il faut faire observer, toutefois, qu'en raison de la marche plus rapide de l'épanchement, sous l'influence de la diathèse, la terminaison est généralement plus prompte et la mort hâtée d'un ou deux jours.

Il se présente, enfin, des individualités chez lesquelles, avec des lésions pulmonaires dont l'étendue ne dépasse pas le tiers inférieur d'un des lobes, il se déclare tout à coup une atonie si prononcée, une stupeur si profonde, que la station devient tout à fait impossible. Le pouls s'efface presque tout à coup ; les membres fléchissent sous le poids du corps, et le malade se laisse tomber tout d'une pièce. L'état de gêne extraordinaire qui en résulte pour lui détermine des souffrances qui s'accusent par des plaintes vives et par des mouvements indiscontinus et désordonnés des membres et de la tête ; celle-ci se relève à chaque instant, l'animal plie son encolure et regarde sa poitrine, comme pour indiquer le siége de ses douleurs. Au milieu d'une pareille scène, l'épuisement arrive d'autant plus vite que les forces avaient à l'avance subi une atteinte profonde et manifeste, et la vie ne tarde pas à s'éteindre dans une dernière convulsion.

En l'absence d'une médication intempestive, ce genre de terminaison est le plus rare ; mais il faut bien dire que malheureusement, dans l'état actuel de la pratique, il est un des plus communs, avec la terminaison par épanchement. Nonobstant, dans les conditions d'une saine thérapeutique, il peut encore se présenter ; et j'en ai surtout recueilli une observation bien remarquable et qui ne s'effacera jamais de ma mémoire, à cause des conséquences qu'elle eut pour mes intérêts personnels. Il ne sera peut-être pas sans utilité de la raconter ici en peu de mots.

A mes débuts dans la pratique civile, le premier malade un peu sérieusement atteint que j'avais eu à traiter était un bœuf aux prises avec une indigestion. Peu ferré dès lors sur la médecine bovine, je fus impuissant à conjurer la mort du pauvre animal ; et je laisse à penser si c'était là commencer favorablement, à ceux qui connaissent un peu l'esprit du paysan français. Aussi la clientèle ne semblait guère disposée à venir, lorsque se présenta le cas dont il s'agit. Une forte jument de trait tomba malade dans la localité que j'habitais, et je fus cependant appelé pour lui donner des soins. Je n'eus pas de peine à diagnostiquer une affection de poitrine ; et averti, comme j'ai eu l'occasion de le dire ailleurs déjà, par mon honorable ami M. Desièy, du dépôt de Saint-Jean-d'Angély, je me gardai d'agir comme si j'avais eu affaire à une pneumonie franche. Aussi comptais-je bien sur une revanche éclatante, surtout lorsque je pus constater, vers le quatrième ou le cinquième jour, que la lésion se bornait à la moitié inférieure environ du poumon droit. Mais je passai sans transition à un sentiment contraire, lorsque le propriétaire de la bête vint en pleurant le lendemain matin me rendre compte du triste état dans lequel elle se trouvait. Elle s'était laissée choir et se débattait comme si elle eût été a l'agonie. Dans cette situation, je crus bien tout espoir perdu. Le malheureux, néanmoins, insistait pour qu'on la relevât. Il s'en fut au marché, qui se tenait ce jour-là précisément, requérir le plus d'hommes de bonne volonté qu'il put trouver à cet effet. Assez généralement inexpérimentés et maladroits en pareille besogne, ils n'y purent réussir, malgré les conseils et les instructions que je m'efforçais de leur donner : force leur fut d'y renoncer et de se retirer, en tenant la pauvre bête pour bien et irrévocablement perdue. Notre homme, cependant, n'avait point renoncé à son idée, et je commençais moi-même à y prendre goût. Nous avions l'un et l'autre de fortes raisons pour ne pas abandonner la partie sans avoir épuisé toutes nos chances ; lui parce que sa jument était la plus forte part de sa fortune, moi pour le motif qu'on sait. Nous organisâmes un treuil ; à l'aide de sangles et d'un câble, elle fut relevée et maintenue debout ; sa maladie fut attaquée avec un redoublement de vigueur par les moyens rationnels ; bref, peu de temps après, on la voyait promener au soleil sur la place publique, en pleine convalescence, et je passai pour avoir opéré une cure quasi merveilleuse ; on se le répéta ; personne ne se souvint plus du bœuf malencontreux, et je m'en aperçus bien.

Ceci m'amène à terminer ce qui se rapporte à la séméiologie par l'esquisse rapide de ce qui se fait observer lorsque l'affection , après s'être maintenue trois ou quatre jours dans des limites moyennes d'intensité, prend décidément une marche décroissante. Alors il n'est aucun embarras, car rien ne peut faire prendre le change sur cette heureuse terminaison. Disons cependant que le premier signe qui frappe, c'est une diminution sensible du nombre des inspirations et une certaine augmentation corrélative de leur amplitude. A ce moment aussi l'appétit augmente ou reparaît, s'il avait cessé. L'ensemble du malade indique ce *je ne sais quoi* favorable, que l'œil du praticien exercé saisit facilement. Les symptômes que j'appellerai diathésiques, tels que l'état du pouls et celui de la conjonctive, n'ont pas encore varié, à la vérité; mais l'auscultation suit aisément les progrès du dégorgement qui s'opère dans la substance pulmonaire. On constate chaque jour, en effet, par ce moyen, que les parties engorgées deviennent plus perméables par ce fait que l'intensité du bruit respiratoire, qu'on y perçoit faiblement d'abord, va toujours en augmentant, sans s'accompagner jamais, en aucun point, de râle crépitant, comme cela s'observe dans la résolution inflammatoire, sur les limites de l'hépatisation. A mesure, le rhythme respiratoire acquiert ses conditions normales; la toux disparaît, si elle a existé; la suppuration s'établit d'assez bonne nature aux sétons qui ont pu être placés; en somme, les symptômes de l'organopathie pulmonaire ont finalement disparu. Il ne reste plus que ceux de la diathèse, c'est-à-dire le pouls faible, la pâleur jaunâtre des muqueuses apparentes et l'infiltration spéciale de la conjonctive, l'atonie générale, le relâchement des sphincters, vers lesquels doivent uniquement être dirigés désormais les efforts du médecin.

En terminant la description des symptômes de la forme abdominale, il a été question de quelques cas mixtes, dans lesquels il existe en même temps, ou avec une succession très-rapprochée, et des symptômes thoraciques, et des symptômes abdominaux. J'ai dit alors que dans le cas où ceux-ci prédominent, ceux-là ne doivent être considérés que comme une complication insignifiante, en raison de la gravité incomparablement supérieure de la dite forme; mais j'ai ajouté que dans le cas contraire il en était tout autrement, et que dès lors nous ne nous en occuperions qu'après avoir exposé les symptômes et la marche ordinaires de la forme thoracique. Le moment est venu de remplir cette promesse.

Donc, il arrive quelquefois, mais rarement par bonheur, que, au moment où les symptômes de l'organopathie thoracique avaient à peu près complétement disparu, au moment où l'appétit semblait s'établir solidement et la convalescence commencer, l'animal est tout à coup pris de tristesse profonde, il se retire au bout de sa longe, la tête basse, et cesse complétement de manger. La conjonctive prend une teinte d'un jaune rougeâtre un peu plus intense, et ses veinules, en s'engorgeant, forment à sa surface des saillies très-sensibles. Le pouls devient plus sensible et plus large, quoique encore très-mou. La bouche acquiert un peu de chaleur. Les signes stéthoscopiques de la poitrine n'ont subi cependant aucune variation ; mais la palpation un peu énergique du ventre détermine de la sensibilité. Les flancs se retroussent et leurs mouvements deviennent tremblotants. La constipation se déclare. Bref, on a désormais affaire à la forme abdominale bénigne ou plus ou moins grave, dont il serait inutile de répéter les symptômes. Il est nécessaire d'ajouter, néanmoins, qu'intervenant dans ce cas à titre de complication, ces symptômes présentent nécessairement une gravité plus considérable, toutes choses égales d'ailleurs, par ce seul fait qu'ils viennent s'ajouter à des lésions préexistantes, ou seulement s'établir sur un organisme préalablement épuisé par la maladie. Aussi remarque-t on que cette complication est presque toujours mortelle, et à de bien rares exceptions près.

Enfin, il me reste à arrêter un instant l'attention du lecteur sur une dernière circonstance. Nous n'avons jusqu'à présent considéré que les cas bien tranchés de la diathèse typhoïde ; nous ne nous sommes occupés d'étudier que ceux dans lesquels le doute n'est pas permis, tant sont tranchés les signes qui les caractérisent. Mais il en existe un certain nombre, survenant dans des conditions sur lesquelles nous aurons par la suite à dire un mot, et qui précisément en leur qualité de cas douteux, de *cas-limite* pourrait-on dire, constituent un écueil vers lequel viennent buter parfois les praticiens les plus expérimentés d'ailleurs. C'est qu'en effet les signes diathésiques y sont si faibles et si bien confondus au milieu des symptômes généraux et particuliers des affections franchement inflammatoires des viscères pectoraux, qu'il faut avoir fait de cette diathèse une étude toute particulière pour ne pas s'y tromper. Il est vrai de dire qu'une méprise alors n'a pas à beaucoup près autant de gravité que dans les cas bien accusés ; mais elle a encore des inconvénients assez sensibles pour qu'il soit sage d'en tenir compte. Au nombre de ces inconvénients, une longue convalescence, un affaiblissement plus ou moins considérable et prolongé de la constitution du sujet, sont les plus remarquables ; et je me permettrai de faire remarquer en passant que c'est dans ce fait qu'il faut chercher la

cause des dissidences qui règnent encore parmi nous sur la thérapeutique préférable à opposer à ces affections. Beaucoup sont arrivés, par
l'observation empiriq e; à adopter une ligne de conduite sage, que les
autres repoussent encore, parce qu'ils n'ont pas pu se rendre compte
de son utilité dans le milieu qu'ils observent. Dès que l'on fait intervenir dans cette discussion la diathèse typhoïde, si petite qu'elle soit,
la lumière s'y fait tout à coup et la conciliation s'opère aussitôt. C'est
là le vrai rôle de la science, et c'est ce que j'ai pu voir s'opérer, pour
ma part, avec quelques observateurs consciencieux et de bonne foi.
Ceci démontre, en définitive, que ce n'est qu'avec beaucoup de soin et
d'attention que le vétérinaire peut arriver à établir un diagnostic bien
fondé ; et que, pour atteindre le plus souvent ce résultat si désirable,
il serait peu sage de négliger aucun des moyens d'investigation que
les progrès de nos études ont mis à notre disposition ; et que, en particulier, quoi qu'on en ait pu dire, il s'en faut de tout que l'auscultation « importe peu quant à la thérapeutique vétérinaire. »

Anatomie pathologique. — Pour éviter des répétitions inutiles et
fastidieuses, je dois ici prévenir le lecteur que je m'abstiendrai de rela-
ter en détail les lésions qui sont communes aux deux formes. Je m'y
suis étendu à dessein dans le chapitre précédent pour n'avoir plus à y
revenir. Je me bornerai donc à les indiquer, pour pouvoir plus à mon
aise insister sur celles qui sont propres à la forme thoracique. Un
grand nombre d'autopsies faites avec soin, de, uis près de huit ans,
m'ont mis à même de recueillir sur ce sujet des renseignements à peu
près complets.

A. *Appareil musculaire.* — Les mêmes caractères que dans la
forme abdominale, c'est-à-dire ceux de la diathèse.

B. *Appareil digestif.* — Quant aux lésions intestinales, quelques-
unes peuvent se présenter avec plus ou moins d'étendue, et cela à titre
de complication. comme il a été dit à l'article de la séméiologie ; seulement en général il n'y en a pas.

Mais, parmi celles que nous avons déjà constatées dans les organes
de la cavité abdominale, il en est d'immanquables : ce sont celles du
système veineux, de l'appareil urinaire et surtout du *foie.* Il est de

toute nécessité de bien s'attacher aux caractères que nous avons reconnus à ce dernier, notamment ; car je puis affirmer en toute sécurité de conscience qu'il ne m'est pas arrivé d'ouvrir un seul cadavre sans les rencontrer ; et c'est là un point essentiel sur lequel j'aurai bientôt occasion de revenir.

C. *Appareil respiratoire.* — C'est ici, bien entendu, que dans cette forme se trouvent les principales altérations ; et, selon l'un des trois modes de terminaison auxquels nous avons attribué la mort, on conçoit facilement qu'elles doivent être variables.

Ainsi, dans un premier ordre de cas, dès que les poumons sont extraits de la cavité thoracique, on constate facilement dans l'aspect extérieur de l'un des lobes, et quelquefois des deux, d'essentielles modifications. La couleur générale est un peu plus foncée, et l'on remarque à la surface des marbrures d'un rouge noirâtre, d'une étendue variable, et d'autant plus apparentes qu'elles se montrent sur celui des poumons qui, dans le décubitus ou l'état cadavérique, n'a pas occupé la partie déclive. Au toucher, on ne sent pas cette résistance mollement élastique qui est propre à la substance pulmonaire normale. Les doigts éprouvent la sensation d'un corps moyennement dur, qui cède à la pression sans faire ressort. Tout cela s'observe dans une étendue variable de l'organe, suivant celle de la lésion, et l'augmentation de poids, qui existe toujours, lui est également proportionnelle. La plèvre viscérale, pas plus que le feuillet pariétal, ne paraît en rien participer à ces caractères et se montre, comme d'habitude, lisse et dépourvue de coloration propre.

Si l'on pratique dans le sens perpendiculaire au bord dorsal du poumon une ou plusieurs coupes intéressant toute son épaisseur, et le divisant par ce fait en plusieurs fragments, on remarque alors que toute la partie du parenchyme correspondant aux points durcis et dépourvus d'élasticité se montre engouée fortement, et qu'il n'est plus possible d'y reconnaître aucune trace de cellule ou de vésicule pulmonaire. On n'y remarque point les caractères de l'hépatisation, cette dureté résistante, cet aspect granulé caractéristique, cette organisation visible du plasma, en un mot. C'est une simple infiltration, d'une nuance gris jaunâtre dans quelques points, noirâtre dans d'autres. En pressant la coupe entre les doigts, on en fait écouler un liquide trouble et qui semble entraîner avec lui des particules de la substance elle-même. Si l'on applique la pulpe du doigt sur cette même coupe, elle s'y enfonce sans effort et déchire sans peine la substance infiltrée. Au total, il est on ne peut plus facile de s'apercevoir qu'il n'y a là qu'une stase sanguine d'une certaine espèce, avec ses conséquences naturelles et purement physiques, et rien qui puisse être pris pour une lésion inflammatoire du parenchyme pulmonaire. Les divisions des veines pulmonaires se montrent obstruées par des caillots d'un gris plus ou moins jaunâtre et marbré de rouge très-foncé. Les tuyaux bronchiques sont en grande partie obstrués par des mucosités spumeuses rougeâtres dans les cas où la maladie a débuté par la toux et où ce phénomène s'est continué. En les enlevant par le lavage, on constate que la muqueuse de ces produits présente des hypérémies plus ou moins intenses et qui s'étendent parfois jusque dans la trachée. Quelques points emphysémateux se montrent souvent dans l'appendice antérieur ou vers les points extrêmes du bord postérieur du lobe malade.

Le plus souvent, les lésions que je viens de décrire s'étendent uniformément du bord inférieur jusqu'aux deux tiers et même aux trois quarts de la hauteur d'un des lobes. Quelquefois elles sont irrégulièrement limitées et arrivent plus haut en avant qu'en arrière, ou c'est le contraire. Dans d'autres circonstances, ce sont les deux lobes qui présentent en même temps l'altération; mais alors elle est moins étendue dans chacun, et rarement dans ces cas elle existe dans des limites égales des deux côtés. Si elle occupe la moitié d'un lobe, elle se borne au tiers ou seulement au quart de l'autre. Et cela s'explique facilement; car avec l'état général, la vie cesse d'être strictement compatible avec une lésion de cette étendue.

Bien plus, il arrive, comme je l'ai déjà fait pressentir, qu'on ne trouve que le tiers ou le quart même seulement d'un poumon de pris. La lésion, dans ce second ordre de faits, est absolument de la même nature que celles dont il vient d'être question; elle n'en diffère que par son étendue. Quelle que soit cette nature, du reste, avec ce qu'on sait des fonctions de l'organe, il est de toute évidence qu'elle n'a pu suffire à entraîner la mort. Une aussi faible partie du poumon soustraite à la fonction ne peut certainement mettre obstacle à l'hématose au point de rendre la continuation de la vie impossible. Il faut donc chercher ailleurs la cause du sinistre. Nous la trouverons bientôt ; mais nous pouvons avancer qu'ici le fond a emporté la forme.

Enfin, lorsque pendant la vie les signes de l'épanchement ont été observés, l'autopsie ne manque jamais de venir confirmer le diagnostic. A l'ouverture de la cavité thoracique, il s'écoule en abondance un liquide séreux, moins limpide et plus coloré que dans la pleurite. Dans les cas dont il s'agit, jamais aucun flocon albumineux ni principe amorphe de pseudo-membrane ne flotte dans ce liquide. Celui-ci se montre en quantité variable, mais il occupe toujours au delà de la moitié de la capacité du sac pleural. Les alentours de la pointe du péricarde sont fortement infiltrés. La surface des deux feuillets de la plèvre est lisse et complétement dépourvue de la moindre formation de fausse membrane quelconque. On remarque seulement des foyers hypérémiques d'étendue variable, rapprochés et groupés dans certains points, disséminés dans d'autres, et siégeant dans le réseau capillaire sous-pleurétique.

Les lésions de la substance pulmonaire, en outre, sont absolument de la même forme que celles que nous avons vues en l'absence de l'épanchement ; leur intensité est variable, seulement il s'y ajoute, comme on le pense bien, celle que produit toujours des deux côtés la présence du liquide épanché, et dans lequel doivent nécessairement baigner, jusqu'au même niveau, les deux lobes de l'organe.

D. *Appareil central de la circulation.* — Les altérations que l'on trouve dans cet appareil sont constantes et appartiennent indistinctement aux deux formes, comme je l'ai déjà dit. Je ne puis donc mieux faire que de renvoyer au chapitre précédent, où elles sont décrites. Je dois ajouter, cependant, que dans le cas d'épanchement pleurétique la quantité de liquide signalée dans le péricarde est plus abondante et d'une coloration plus foncée, et que des hypérémies disséminées se font quelquefois observer sous la membrane péricardine. Je ne dois pas négliger de dire aussi, comme remarque générale, qu'ici les lésions sont peut-être toujours plus fortement accusées. Mais, en particulier, coïncidemment avec des lésions pulmonaires peu étendues, on constate de la manière la plus positive dans les cavités du cœur, de même que dans les gros troncs et le système vasculaire en général, une diminution très-notable de la quantité de la masse sanguine et de l'intensité de sa coloration.

E. *Appareil nerveux*. — Rien non plus ici qui soit particulier à cette forme. Les caractères constatés étant évidemment diathésiques, doivent nécessairement s'y retrouver, et c'est ce qui a lieu.

Là se termine la partie purement descriptive de ce travail. C'en est la partie essentielle, car elle est la base sur laquelle j'ai le dessein d'asseoir les quelques vérités que j'ai cru utile de mettre en lumière. Je l'ai abrégée le plus que j'ai pu, dans le but de ne pas fatiguer l'attention du lecteur. Si, malgré cela, j'ai réussi à bien esquisser les traits principaux de la double physionomie que j'ai reconnue à la diathèse typhoïde, de manière à ce qu'on ne s'y puisse méprendre, cela suffira amplement au résultat que je me suis proposé. Maintenant, nous allons essayer de dogmatiser un peu, en nous appuyant toujours cependant sur l'observation et l'expérience.

III.

CARACTÈRES ET NATURE DE LA DIATHÈSE.

—

Si le lecteur a bien voulu accorder quelque attention aux descriptions qui viennent d'être données des deux affections, intestinale et pulmonaire, dont il s'agit ici, il n'a pu manquer de saisir sans peine les différences radicales qu'elles présentent, chacune de son côté, avec les phlegmasies plus ou moins intenses qui se déclarent fréquemment dans les mêmes organes ; il a dû s'apercevoir aussi des nombreux points communs qui s'y rencontrent, soit dans leurs manifestations symptomatiques, soit dans les lésions qu'elles laissent après la mort. Il lui semblera donc tout à fait logique, comme à moi, de se poser maintenant cette question : Ces deux affections ne seraient-elles point des modes différents d'un seul et même état pathologique de l'économie, lequel les dominerait et leur imprimerait ses caractères propres ;

en d'autres termes, l'élément principal, dans ces deux ordres de phénomènes morbides, ne serait-il point ce qu'on est convenu aujourd'hui d'appeler une *diathèse?* C'est là, en effet, une questi n qu'il importe de résoudre avant tout ; car de sa solution doit rationnellement découler tout le côté pratique de la conduite du médecin vis à-vis d'elles, et par conséquent dépendre les résultats de son intervention.

Cette solution désirable, on ne peut raisonnablement la demander qu'à l'observation. C'est ce que nous allons faire, en cherchant dans la séméiologie et dans l'anatomie pathologique, s'il nous sera possible de réunir un assez grand nombre de signes généraux capables d'établir son existence.

Et d'abord, voyons les symptômes.

Dans l'une comme dans l'autre des formes que nous avons reconnues, quelle qu'en soit d'ailleurs la gravité relative, ce qui nous frappe, c'est, un peu plus tôt ou un peu plus tard, l'apparition de la stupeur, des signes non équivoques d'une profonde atonie ; c'est, en un mot, un faciès tout spécial du malade, une physionomie ne ressemblant en rien à aucune de celles qui accompagnent les grandes inflammations viscérales. Dans ces dernières, en effet, il est facile de s'apercevoir que l'état fébrile général qui se manifeste, la tristesse et l'oppression qui en sont les caractères principaux, ne sont que les conséquences des efforts réactionnels de la force conservatrice de l'économie, sollicitée pour ainsi dire par la lésion locale. Il semble, en réalité, que, pour entamer contre celle-ci une lutte avantageuse, il se prépare dans l'organisme tout entier des mouvements proportionnés à son étendue et à son intensité. Mais combien sont différents ici les phénomènes qu'on observe! Tout dans leur ensemble accuse une passivité complète. On voit dans un cas la lésion naître et se développer sans que d'abord le *sensorium* paraisse en avoir été impressionné. Le poumon est soustrait, pour une part, à sa fonction, et cela presque instantanément, sans que l'appétit en soit seulement troublé! L'intestin est malade à son tour. L'appétit cesse cette fois, la stupeur se manifeste plus tôt. Mais de fièvre ardente accusée par un développement de chaleur, par de la soif vive, mais de réaction encore, point !

Si maintenant nous consultons plus directement chaque symptôme.

général pris à part, nous voyons, dans tous les cas et quelle que soit leur forme, en premier lieu le pouls se présenter avec des caractères qui n'ont rien de commun avec ceux qui s'observent dans les phlegmasies. Tandis qu'il est ordinairement plus ou moins plein, fort, large, ou concentré et vibrant, mais enfin toujours fébrile, dans celle-ci nous le rencontrons invariablement faible et mou au début de toutes les maladies dont il est question, l'artère se déprime facilement sous le doigt qui la presse, et, à mesure que le mal fait des progrès, sa faiblesse augmente en même temps, jusqu'à le rendre promptement tout à fait inexplorable.

Mais le point véritablement essentiel de ce parallèle, le miroir fidèle de cet état que je cherche à faire ressortir, c'est la conjonctive. Les muqueuses apparentes, nous l'avons vu, se présentent généralement avec un aspect d'une pâleur jaunâtre, coupé par la teinte bleu-foncé de leurs veines engorgées. Celle-ci, en outre, est le siége d'une infiltration caractéristique. Il y a une telle différence dans l'aspect de la conjonctive d'un cheval sous le coup de l'une des formes de la diathèse typhoïde, comparé à celui de cette même membrane dans le cas de la phlegmasie correspondante, qu'il n'est pas possible de les confondre quand on y a arrêté son attention. Cet aspect de la conjonctive, qui appartient en propre à la diathèse dont il s'agit ici et la caractérise bien véritablement comme expression générale et antérieure à toute manifestation locale, a été parfaitement observé par un travailleur opiniâtre autant que praticien distingué, M. Plasse (de Niort), et signalé par lui comme un signe infaillible de ce qu'il appelle la *cryptogamie*. Malheureusement, il a noyé ses réflexions marquées au coin d'un réel génie d'observation sur ce sujet, au milieu du pêle-mêle de faits et d'explications insuffisantes qui encombrent le livre aussi indigeste que peu lu qu'il a publié, il y a quelques années, sur les causes des maladies typhoïdes, dont il élargit grandement le cadre.

Quoi qu'il en soit, l'observation purement empirique, mais singulièrement persévérante, ne l'en a pas moins conduit à attribuer à la *coloration jaune paille* et à l'*infiltration de la conjonctive* une valeur justement appréciée, comme signe caractéristique de ce que j'appelle ici diathèse typhoïde, pour réserver complétement toute espèce d'idée de nature ou d'étiologie, et pouvoir tenir compte de ses idées comme de toutes autres, dans de justes limites. Et cela est si vrai qu'inspectant dernièrement à ce point de vue la conjonctive de tous les chevaux d'une batterie d'artillerie, il m'est arrivé de faire mettre à part une jument pour qu'elle fût l'objet d'une surveillance particulière, de manière à être envoyée à l'infirmerie dès la manifestation des premiers symptômes dont je croyais devoir craindre la venue, en me basant sur ce caractère seul, et que huit jours après, environ, elle y vint pour y mourir de la forme abdominale grave, après une quinzaine de jours de maladie.

Ce n'est point seulement dans ce cas unique que j'ai eu lieu de faire l'application de la donnée que je cherche en ce moment à faire ressortir en raison de son importance. Il m'était arrivé bien des fois avant, et il m'est arrivé depuis, de soumettre à un traitement suivi des chevaux qui ne présentaient absolument que ce signe, et j'avais dès lors la conviction d'avoir prévenu l'explosion redoutable de l'état qu'il accuse. Mais une conviction, si forte qu'elle soit, n'est pas une démonstration, et les faits de ce genre n'auraient par eux-mêmes aucune valeur démonstrative pour autrui, s'ils ne l'empruntaient à celui que je viens de citer, lequel, on en conviendra, ne laisse aucune place au doute.

Indépendamment de ces deux symptômes identiquement communs aux deux formes principales de la diathèse, — le pouls et l'état de la conjonctive, — nous trouverons sans peine aussi dans ceux de chacune des expressions locales des caractères d'une incontestable valeur. Ainsi, premièrement dans la forme abdominale grave, l'apparition si prompte du gargouillement intestinal et de la diarrhée séreuse et d'une odeur intense est un de ceux-là ; car personne n'ignore que pendant tout le cours de l'entérite aiguë, c'est précisément le contraire qui se montre, à savoir : la constipation ou l'expulsion de crottins petits et enduits de mucosités lisses et concrètes. Dans cette même forme sous le type bénin, nous voyons la mort suivre presque infailliblement des émissions sanguines qui, en l'absence de l'état diathésique, non-seulement n'eussent pas amené un pareil résultat, mais au contraire eussent procuré une prompte guérison. En second lieu, dans la forme theracique, là où les progrès de la science nous ont mis à même de suivre les lésions pulmonaires avec presque autant de précision que si l'œil pouvait y pénétrer; là où des signes positifs décèlent notamment le caractère inflammatoire des altérations qui se produisent dans la substance du poumon; l'absence de ces signes n'a-t-elle pas une bien grande valeur dans le sens opposé? L'absence du râle crépitant, au milieu de tous les autres caractères de ce qu'on appelle la pneumonite aiguë, n'établirait-elle pas seule, à défaut d'autre raison, une démarcation certaine entre cette maladie et celle dont nous parlons? Et quelle force probante cette absence n'acquiert-elle pas quand on la rapproche de l'état du pouls et de la conjonctive?

Certes, pour peu qu'on ait quelque idée de la physiologie pathologique, il doit suffire d'une certaine dose d'attention pour saisir le lien qui unit tous ces phénomènes entre eux et être amené à en conclure qu'il se passe alors dans toute l'économie quelque chose de particulier, et que ce quelque chose réside dans l'appareil de la circulation. Tous les auteurs en sont demeurés convaincus. Les uns se sont bornés à en affirmer la préexistence, sans en rechercher la preuve; d'autres l'ont considéré comme un effet et une complication de la maladie. Après tout cela, la question est demeurée obscure. Les considérations qui précèdent seraient, je pense, presque suffisantes pour nous autoriser à admettre dès à présent le caractère de généralité, ou diathésique, que je crois appartenir aux affections qui font l'objet de ce mémoire; mais c'est dans leur anatomie pathologique commune que nous devons en trouver des preuves définitives.

Un seul phénomène de cet ordre pourrait, en effet, suffire à cela Je veux parler de ces cas mixtes dont il a été question, et dans lesquels les deux formes sont pour ainsi dire confondues; de ces cas qui ont tant de fois embarrassé les anatomo-pathologistes purs, en quête d'une désignation exacte, à leur point de vue, pour l'affection en face de laquelle l'autopsie les avait mis, et auxquels ils se sont vus dans l'obligation de donner des noms dans le genre de celui-ci : *Entéro néphro-hépato broncho-pneumonite!* (je fais grâce de *gastro*), et d'y ajouter même quelquefois l'amplificatif : *compliquée d'altération du sang!*...... On conviendra, j'espère, que c'est là pousser loin l'amour de l'anatomie pathologique; mais cependant pas jusqu'au point de ne lui accorder que sa véritable importance, et surtout de l'apprécier d'une manière tout à fait rationnelle.

Il semble cependant qu'un pareil cortége de lésions aurait dû depuis longtemps mettre sur la voie, si l'on n'avait cru si fermement indispensable de s'en tenir strictement au fait superficiel. De ce que la plupart des principaux organes de l'économie se montrent le siège d'une stase sanguine, sans y regarder de plus près on s'empresse d'y voir une hypérémie inflammatoire. Mais comme aussi, au demeurant, on est astreint rigoureusement à tenir compte de toutes les lésions qu'on observe, et qu'en outre on a remarqué que l'aspect de la masse sanguine est visiblement différent de l'état normal dans tous les vaisseaux où les recherches nécroscopiques la font s'écouler; pour cette raison il faut bien y joindre l'altération du sang. Mais réfléchissez-y donc un peu! Comment ne voyez-vous pas que l'existence de phlegmasies aussi considérables et aussi étendues ne se concilierait raisonnablement point avec celle d'une altération du liquide sanguin (1)? Vous voudriez que le véhicule de la vie (pour parler un langage figuré) ayant subi des atteintes plus ou moins profondes, il pût, en s'arrêtant dans tous ces lieux, y produire un accroissement de cette même vie? car qu'est-ce autre chose, ce phénomène que nous connaissons sous l'expression métaphorique d'inflammation? Mais, après tout, les caractères anatomo-pathologiques de celle ci sont aujourd'hui bien connus et bien fixés. Or, sans nous élever aussi bien à des considérations de cet ordre, sont-ce des lésions de cette espèce que nous avons constatées? Evidemment non. Dans l'intestin, d'abord, nous avons noté une stase sanguine passive du système veineux, et des ulcérations dans quelques cas. Dans le poumon, ensuite, dans cet organe presque uniquement

---

(1) Car par *altération*, il faut le dire, on ne saurait convenablement entendre un excès de richesse, comme le veulent certains auteurs; il faut, autant que possible, laisser aux mots leur signification véritable et universellement acceptée. La prétendue *polyhémie* ne sera jamais considérée comme une altération proprement dite. Ce sera un état anormal, si l'on veut, mais non une *altération*, mot qui, encore une fois, signifie *dégradation*, changement de propriétés dans un sens inférieur, quand il s'applique de cette façon.

composé de vaisseaux, nous avons constaté un engouement produit par l'épanchement de la partie albumineuse du sang, mais aucun des signes caractéristiques de l'hépatisation inflammatoire, de cet état que les anciens appelaient carnification et dont l'aspect est si identiquement semblable dans tous les cas de cette nature. C'en serait assez ir permettre de juger du caractère spécial des affections que nous s, s'il n'y avait encore d'autres raisons bien plus claires à faire

si, quelque tranchée, du reste, que soit chacune des formes que avons reconnues dans son sens particulier ; quelque peu remar- tes que soient les lésions présentées par l'appareil d'organes qui, le cas, n'en est pas le siége principal, il est dans l'état des cada- une manière d'être qui, à mon sens, ne peut laisser aucun doute sister. Fût-il impossible d'établir, sur le vivant comme sur le mort, la différence qui existe réellement dans les lésions principales compa- rées aux lésions phlegmasiques ordinaires, il y a celles que présen tent invariablement le *système musculaire,* le *foie* et *l'appareil cen- tral de la circulation,* il y a aussi celles qu'on constate toujours dans les *centres nerveux,* qui tranchent la question nettement et sans re- tour. Le *cœur* et le *foie,* tous les deux en même temps centres des deux systèmes circulatoires de l'économie ; les *muscles,* organes qui empruntent leurs caractères de coloration uniquement à ceux de la masse sanguine ; tous ces organes présentant constamment et sans au- cune exception les mêmes modifications pathologiques, n'en voilà-t-il pas assez pour permettre de conclure que c'est bien là l'expression d'un état morbide général de toute la substance, *morbus totius sub- stantiæ,* d'une diathèse enfin ?......

Entre tous ces caractères, il en est un néanmoins sur lequel je dois insister. Indépendamment des qualités de coloration, de consis- tance, etc., que présente constamment le cœur, nous devons arrêter un instant notre attention sur ce fait que l'on trouve toujours, ou à peu près, dans la cavité du ventricule artériel, même quand l'autopsie est pratiquée aussitôt après la mort, un caillot généralement peu volumi- neux et composé de substance fibrino-albumineuse d'une couleur grise jaunâtre marbrée de noir, ou plutôt de rouge noirâtre. Eh bien, cette circonstance me paraît avoir pour la solution que nous cherchons une importance de premier ordre. Tout le monde sait qu'à l'autopsie des animaux morts violemment, par exemple, ou par suite même d'une affection aiguë d'un organe important autre que le cœur, le ventricule aortique de ce dernier se montre toujours complétement vide. C'est que, dans ces cas où l'impulsion circulatoire a conservé toute sa vigueur, au moment où l'animal expire, un dernier effort de systole chasse dans les vaisseaux le sang artériel avec une intensité peu différente sans doute de ce qu'elle était avant ce moment suprême ; tandis que sous l'empire de la diathèse typhoïde, dans cet état où vers la fin de la maladie l'impulsion du cœur est si faible qu'elle demeure inhabile à chasser le sang jusqu'à la périphérie, puisqu'il est impossible d'en sentir le choc au point où s'explore habituellement le pouls ; dans cet état, dis-je, il est infaillible qu'une stase de ce liquide, au moins incomplétement expulsé par une systole insuffisante, s'opère dans le ventricule, et qu'il y subisse, à cause de ce repos incompatible avec la conservation de ses propriétés physiologiques, l'empire des lois physiques, absolument comme si, extrait des vaisseaux, on l'eût déposé dans un vase inerte. Je crois que cette manière d'interpréter le phénomène constant dont il est question est conforme aux plus simples données de la physiologie, comme à celles de l'observation clinique.

Or, qu'en faut-il conclure, si ce n'est que dans de pareilles circonstances l'animal meurt par le cœur, et que cet organe essentiel cesse peu à peu de remplir sa fonction, faute de son stimulant naturel? Je ne puis me dispenser de considérer cette conclusion comme très-logique, et au moment où j'écris ces lignes, j'en viens d'acquérir une nouvelle preuve par une autopsie à laquelle j'ai pu assister il n'y a que quelques heures. Il s'agissait d'une bête dont je vais sommairement raconter l'observation.

La Grappe, jument de quatre ans et demi, appartenant encore à la remonte du régiment, avait présenté, il y a deux mois environ, au jarret droit les symptômes de cette affection que j'ai décrite sous le nom d'*arthropathie gourmeuse.* Peu après il s'y joignit, notamment à la face interne, un herpès phlicténoïde. Des soins appropriés furent administrés, ce qui n'empêcha point la maladie de demeurer stationnaire et l'état général de s'altérer. La bête maigrissait beaucoup ; le pouls s'affaiblissait et les muqueuses devenaient pâles, à mesure qu'un engorgement froid du jarret succédait aux symptômes gourmeux. Bientôt une angioleucite farcineuse se montra et fut promptement suivie d'ulcérations peu nombreuses et disséminées sur l'étendue de la jambe. Ces nouveaux symptômes s'accompagnèrent d'atonie générale. La bête se laissa tomber un jour, et l'on fut obligé de la relever. Après quelques jours de station prolongée, la faiblesse ramena la chute, et non pas un décubitus naturel. La bête demeura vingt heures, à peu près, couchée sur le côté gauche, parce que les efforts que l'on avait faits pour la mettre debout avaient été vains, à cause de l'absence de toute participation de sa part. On remarqua dès lors que *l'engorgement considérable du membre avait complétement disparu*. Des stimulants lui furent administrés, et sous l'empire de leur action il fut possible de la faire tenir sur ses jambes ; mais on put constater alors de grands changements dans le rhythme de la respiration, qui était devenu extrêmement précipité. L'appétit était tout à fait nul, la stupeur considérable, le pouls complétement absent, et la mort arriva le lendemain. A l'autopsie, qui eut lieu environ deux heures après la mort, outre une teinte véritablement livide de tout le système musculaire ; outre, encore, la teinte plombée de la muqueuse intestinale ; outre des abcès métastatiques, ou pneumonies lobulaires, des dépôts fibrineux, des points gangrénés et un état d'engouement général des deux poumons ; outre, en un mot, tous les signes d'une résorption ou diathèse purulente évidente, on trouva encore un peu d'épanchement dans le péricarde, le *cœur volumineux, mou, flasque et d'une pâleur jaunâtre, et dans sa cavité artérielle* le même *caillot fibrino-albumineux* dont il vient d'être question.

Comme on le voit sans difficulté, ici où la viciation du sang avait été directe et amenée très-probablement, chez un animal cachectique, par l'obstacle que le décubitus prolongé a mis à l'accomplissement suffisant de la fonction respiratoire, la coïncidence de la présence du caillot est une preuve qui certes ne manque pas de valeur.

En définitive, de tous les caractères cliniques que je me suis efforcé de mettre en relief dans ce chapitre, il me paraît résulter d'une façon

à peu près à l'abri de toute contestation, que les deux formes pathologiques essentielles que j'ai décrites sont bien des modes de manifestation différents d'un état primitif de l'économie, d'une diathèse.

De quelle nature est cette diathèse? C'est ce qu'il me reste à examiner.

Poser cette question, c'est sans contredit se demander, en d'autres
termes, de quelle nature est la modification subie par le sang ; car
l'idée de diathèse entraîne nécessairement celle d'une altération particulière de la constitution de ce liquide. Des auteurs fort recommanda-
bles s'en sont occupés déjà. Quelques-uns ont fait figurer cette étude
au nombre des symptômes de la maladie qu'ils essayaient de décrire ;
d'autres ont même été plus loin, et l'ont indiquée comme un moyen de
saisir la maladie avant son développement. Cela n'est peut-être pas
très-logique, et, dans tous les cas, cela ne m'a point paru parfaitement
méthodique. C'est pourquoi j'ai cru devoir agir autrement. Ces études
expérimentales, qui demandent un soin et une attention suivis, ont une
très-grande valeur pour la pratique, mais non point tout à fait directement. C'est en les rattachant d'une manière nette et positive à un ou
plusieurs des *signes cliniques* qui s'y lient d'une façon constante et
certaine qu'elles seront fécondées. Croit-on, par exemple, que les recherches chimiques et microscopiques ne puissent devenir utiles pour
le praticien qu'à la condition qu'il ne marche jamais qu'armé de réactifs, de balances de précision et du microscope?...... Cette croyance
erronée, qui est encore celle de beaucoup de gens, nuira beaucoup au
progrès de la science. Comme je l'ai déjà dit, j'espère, pour ma part,
être à même plus tard de jeter quelque jour sur la question dont il
s'agit à l'aide de ces moyens ; mais, pour les raisons que j'ai dites
aussi, je dois aujourd'hui me borner à exposer sur ce sujet l'état de la
science, c'est-à-dire ce que des recherches toutes physiques et à l'œil
nu ont permis jusqu'à présent de reconnaître.

Étude du sang. — De tous les auteurs qui ont écrit sur les maladies typhoïdes, il n'en est aucun qui ait poussé aussi loin que M. Gourdon l'étude de la constitution physique du sang dans ces maladies ; non
point qu'il ait, plus que les autres, recherché directement dans un
grand nombre d'expériences la manière dont ce liquide se comporte

dans les vases qui servent à le recueillir ; non ; mais il a eu le mérite, selon moi, de donner à l'aide des éléments acquis à la physiologie du fluide sanguin l'explication plausible des phénomènes constatés.

Ainsi, il est deux points sur lesquels tous les écrivains se sont montrés d'accord, et dont de nombreuses expériences m'ont permis, en particulier, de constater la vérité ; c'est : 1° l'excès de coagulabilité du sang, 2° la proportion toujours de beaucoup inférieure de l'étendue du caillot noir par rapport à celle du caillot blanc. On a voulu fixer en minutes la différence relative du temps après lequel la coagulation du sang s'établit. Il existe normalement à cet égard des écarts si considérables, et, en outre, il se présente tant de degrés d'altération, que je suis porté, pour ma part, à n'accorder aucune valeur à cela. Ce qui est certain, c'est que dans les cas types, les seuls qui puissent servir de base à une étude profitable en ce sens, on constate que la séparation des deux éléments visibles du sang s'effectue ostensiblement aussitôt après sa sortie de la veine, et qu'elle est complète en moins de cinq minutes, pourvu que le vase qui a servi à le recueillir soit de petites dimensions et de forme cylindrique. L'aspect de ce liquide, également, est moins vif ; il semble que le mélange de ses éléments soit moins intime ; il paraît moins homogène, et je puis dire dès maintenant que, même en s'en rapportant à l'impression organoleptique, sa température est abaissée d'une manière sensible.

Mais pour nous en tenir aux caractères positifs et faciles à constater pour tout le monde ; pour ne pas nous laisser glisser sur la pente où nous entraîneraient facilement des recherches commencées, que j'ai déjà présentées comme trop peu nombreuses pour permettre de conclure, et qui feront partie d'un autre travail, nous nous en tiendrons aux deux que je viens d'énoncer, à savoir : la *coagulation prompte* et l'*augmentation du caillot blanc aux dépens du caillot noir*. Sans s'inquiéter d'appuyer cette assertion sur des analyses exactes, à l'aide des réactifs connus, on n'a point hésité à attribuer ce double résultat à l'augmentation de la fibrine. C'est que, à vrai dire, une pareille conclusion était inévitable avec ce qu'on sait de la constitution physiologique du sang. Or, c'est précisément ici que commence le rôle que M. Gourdon a rempli dans l'étude de cette question, en démontrant à l'aide de documents acquis, je le répète, que, *dans toutes les maladies du sang, la fibrine augmente toujours,* « et que c'est lors de la santé la plus parfaite qu'elle est à son minimum de proportion. » Par contre, il a établi cette autre vérité que, dans le même cas, *les globules diminuent constamment;* leur plus haute proportion représentant, selon lui, le maximum de santé, si, dit-il, on peut s'exprimer ainsi ; ce que je crois pour ma part très-convenable.

En effet, il est reconnu que les globules sont le stimulant par excellence du liquide sanguin, et qu'ils lui communiquent sa propriété essentielle dans cette partie mystérieuse encore de sa fonction, à savoir : la calorification, propriété que le Dr Wanner faisait naguère découler du frottement. Un coup d'œil jeté de ce point de vue sur la série animale suffit pour s'en convaincre. Les phénomènes pathologiques qui s'observent dans ces maladies, c'est-à-dire l'atonie, l'abattement, la stupeur, phénomènes qui leur ont valu le nom générique par lequel on a cherché à les caractériser, s'accorderaient donc parfaitement *à priori* avec la diminution des globules colorés.

Mais il me semble que dans les recherches de ce genre on a jusqu'à présent envisagé chaque élément principal du sang d'une façon trop absolue et trop exclusive, ce qui a peut-être conduit à des conclusions fausses et à des appellations erronées. Ainsi je voudrais savoir, par exemple, sur quoi l'on s'est basé pour évaluer la quotité de la masse sanguine dans les cas où l'on a cru pouvoir la considérer comme diminuée ; car c'est là ce qu'on a voulu exprimer sans doute par le mot *anhémie.* Je ne crois point, quant à moi, que cette masse puisse être diminuée d'une manière bien notable dans son volume, au moins d'une façon durable. Je sais que dans la forme lente des affections de nature typhoïde, le sang se montre finalement avec des caractères de coloration dus évidemment à son extrême pauvreté en globules, et qui ne sauraient jamais être atteints dans les formes rapides, pour cette raison qu'une brusque rupture d'équilibre détermine des troubles presque toujours mortels. Mais on a trop perdu de vue, ce me semble, que dans nos recherches sur la constitution du sang les proportions respectives de ses différents matériaux ne peuvent jamais être établies que d'une manière relative, et que, sur un poids donné, si nous constatons une diminution dans la proportion de l'un d'eux, elle s'accompagne toujours d'une augmentation corrélative d'un ou de plusieurs des autres. Ainsi, dans le cas dont il s'agit ici, la partie fibrino-albumineuse est augmentée, c'est vrai; mais ce n'est que relativement au cruor, qui se montre diminué d'autant. Et je trouve encore là-dedans une preuve de cette malheureuse tendance si commune en vétérinaire, et qui consiste à faire souvent de la médecine humaine sous la peau du cheval. On nous parle de l'augmentation de la *couenne inflammatoire,* par exemple, comme si l'on ne savait pas que c'est l'état normal du sang du cheval de se séparer en deux parties, dont une colorée et l'autre qui ne l'est pas ou faiblement. Il est certain qu'à mesure que la proportion des globules diminue, celles de la fibrine et du sérum augmentent d'autant; et pour s'assurer de l'exactitude de ce fait, il suffit d'examiner le sang des cas peu graves comparativement à celui des cas qui le sont davantage, et, sur le même sujet, à mesure que la maladie marche vers une terminaison fâcheuse. Tandis que, dans les premiers, l'altération est si peu sensible qu'on a pu la nier avec quelques apparences de raison, il est permis d'en suivre la progression ascendante jusqu'à arriver à la constatation de ce fait, que je crois pour ma part fort instructif, à savoir : que, dans la limite extrême, le sang se prend promptement en une masse peu consistante, comme une sorte de gelée pectique, et faiblement colorée en rouge jaunâtre dans toute son étendue. Il n'y a plus là de démarcation entre le cruor et le caillot blanc, et il s'en échappe promptement une grande quantité de sérum également rougeâtre.

Je ne suis point en mesure de donner une explication satisfaisante de ces faits acquis à l'observation ; j'aime mieux, en conséquence, m'abstenir complétement plutôt que d'en essayer une qui ne reposerait ni sur des données expérimentales positives, ni sur des idées réelles et universellement acceptées pour vraies. Jusqu'à nouvel ordre, nous devons nous en tenir, relativement à la détermination de la nature intime de la diathèse typhoïde, à ce fait démontré par l'étude du sang, à savoir : qu'elle s'accompagne toujours d'une *diminution plus ou moins sensible de la proportion des globules colorés.* Si donc on tenait absolument à caractériser cet état par un mot unique, on pourrait le qualifier d'*aglobulie,* mot adopté ailleurs et très-euphonique du reste. Je n'y verrais, en ce qui me concerne personnellement, aucun grave inconvénient ; cependant, je ne cacherai point que je préfère hautement l'expression pittoresque de diathèse typhoïde, parce qu'elle frappe plus directement et peut-être aussi plus justement mon esprit.

On a considéré, et beaucoup de vétérinaires considèrent encore comme appartenant à la même famille, sous le titre générique de typhoïdes, les maladies que j'ai décrites et celles que l'on connaît sous le nom de charbonneuses. Il y a là, à mon sens, une erreur évidente. Que la diathèse typhoïde soit une sorte d'acheminement vers les maladies charbonneuses, que son existence en favorise le développement, c'est ce qu'il est impossible de nier raisonnablement ; mais de cela à en faire des éléments pathologiques de la même nature, il y a, on peut le dire, tout un monde ; et c'est ce que je démontrerai plus tard, j'espère, de la manière la plus évidente. Dans le charbon, il est intervenu un agent nouveau, l'agent septique, qui établit une ligne de démarcation infranchissable. Mais je ne dois pas m'étendre davantage ici sur ce sujet ; qu'il me suffise de faire remarquer que dans la diathèse typhoïde, comme nous l'avons vu, les lésions de la rate sont nulles, et que la face interne des gros vaisseaux n'est jamais colorée.

En résumé, j'ose croire que dans les développements que je viens de consacrer à la question qui fait l'objet de ce chapitre, j'ai établi d'une manière suffisamment claire les caractères cliniques de la diathèse typhoïde, pour que son diagnostic n'offre pas de grandes difficultés à ceux qui voudront bien se pénétrer de leur importance. Je néglige de constater que j'ai sans peine aucune pu rendre évidente l'existence préalable de cette diathèse, à l'aide de signes puisés dans ses symptômes et dans son anatomie pathologique, parce que cela me paraît désormais à l'abri de toute contestation, et parce que cela me semble ressortir tout naturellement de la description même de ses manifestations. Nonobstant, c'était là le point le plus important de ce travail, pour cette raison qu'il fallait avant tout débarrasser les dites manifestations de la qualité inflammatoire qu'on s'accordait généralement à leur prêter, depuis la *légère irritation* jusqu'à la phlegmasie suraiguë, et cela au grand détriment de leur thérapeutique. Quant à la nature essentielle de la diathèse, j'ai dû me montrer très-réservé sur un sujet non encore suffisamment étudié, et m'en tenir aux faits incontestablement acquis. La suite de ce mémoire montrera que, si les résultats thérapeutiques des moyens basés sur ces idées sont favorables à leur justesse quant à l'existence de la diathèse, ils ne sont point non plus à l'encontre de ce que nous avons cru pouvoir dès à présent admettre comme vrai relativement à sa nature. Mais avant, il nous faut rechercher dans les faits les causes probables de son existence.

IV.

ÉTIOLOGIE.

Dans la phase scientifique au milieu de laquelle nous nous trouvons à notre époque, les questions étiologiques sont celles qui, incontestablement, ont le privilége d'attirer le plus l'attention. C'est qu'on en est enfin arrivé à comprendre que le véritable rôle du médecin consiste à prévenir le développement des maladies de toutes sortes, plutôt qu'à les guérir lorsqu'elles sont développées. Le domaine de l'hygiène s'agrandit aux dépens de celui de la médecine proprement dite, et il serait puéril d'ajouter que c'est un bien. Nous ne saurions donc envisager cette partie de notre sujet d'une manière trop sérieuse.

Pour ce qui concerne les maladies typhoïdes, les causes de leur développement ont été déjà bien diversement appréciées. La plupart des auteurs n'y ont vu que l'ensemble de cette étiologie que l'on peut qualifier de banale, parce que ses éléments interviennent toujours pour quelque chose dans le développement de presque toutes les maladies internes un peu intenses. Ainsi les arrêts de transpiration, les mauvais logements, etc., etc., que l'on retrouve partout dans les traités de pathologie. Ce n'est point de cela qu'il doit s'agir ici. Ces causes ont leur importance qu'il ne faut pas nier ; mais, suffisamment appréciées quant à leur rôle de causes occasionnelles, elles doivent demeurer sur le second plan. Ce qu'il est important de déterminer, c'est la cause unique ou le petit nombre de causes qui impriment à la maladie son caractère essentiel de nature ; cette cause ou ces causes qui font que, sous l'influence d'un écart de régime, d'un excès de travail, d'un arrêt de transpiration ou de l'impression d'un courant d'air, ou de toute autre occasion du même ordre, il se développe plutôt la forme thoracique de la diathèse typhoïde, par exemple, sur tel individu qu'une pneumonie franchement inflammatoire, sa forme abdominale plutôt qu'une entérite aiguë. Ce n'est que quand elles sont conduites à ce point de vue, que les études étiologiques peuvent être d'une réelle utilité.

Pour arriver à quelque chose de satisfaisant et surtout de positif à à cet égard, il reste, on en conviendra, beaucoup d'études et de recherches à faire ; études dans lesquelles le microscope et l'analyse chimique ont à jouer le principal rôle. En attendant cependant qu'on puisse donner à ce point de science toute la rigueur qu'il comporte, et que j'aurais voulu, pour ma part, essayer de lui donner (ce à quoi je n'ai point renoncé), nous devons nous en tenir aux résultats de l'observation directe. Peut-être même qu'en l'utilisant avec sagacité, si elle ne nous permet point d'arriver à des conclusions aussi rigoureuses, elle nous conduira au moins à des données extrêmement vraisemblables et plausibles.

Deux idées fort respectables ont été émises déjà, qui se rapprochent sans doute au fond plus que ne semblent le croire leurs auteurs ; seulement l'une se rapporte à un fait particulier, tandis que l'autre a pris des proportions considérables dans l'esprit de celui qui l'a conçue. Je n'ai point à examiner dès à présent ces idées. Je veux me borner d'abord à exposer ce que j'ai vu ; il sera facile ensuite de s'apercevoir si cela concorde avec les observations sur lesquelles les auteurs auxquels je fais allusion ont basé leurs assertions.

Les miennes, comme je l'ai dit en commençant ce travail, ont principalement porté sur les chevaux du centre-ouest de la France, sur lesquels, de l'avis de tous les praticiens militaires qui ont été à même d'en suivre de près, les affections typhoïdes se montrent le plus souvent. Or, il m'a semblé logique, dans les *Remarques* que j'ai publiées en 1854 (1) sur leur nature, de rechercher la raison de ce fait dans

____

(1) Voir *Recueil,* 4ᵉ série, t. Iᵉʳ, p. 537.

les conditions de leur élevage. Je ne puis mieux faire que de transcrire ici les principales considérations que je fis valoir alors, en y ajoutant quelques autres éléments qui nous permettront de pousser un peu plus loin l'étude de cette question.

« La plus grande partie des chevaux achetés par les dépôts de Fontenay et de Saint-Jean-d'Angély proviennent de cette vaste étendue de prairies improprement appelées encore aujourd'hui *marais,* et qui, de l'embouchure de la Loire à celle de la Gironde, bordent l'Océan en s'étendant à 9 lieues environ dans les terres. Dans ces marais, dont la superficie est d'à peu près 100 lieues carrées, et qui sont divisées en pièces d'une certaine étendue par des fossés de desséchement et les canaux d'écoulement qui y ont été pratiqués dans le but de les assainir, le cheval grandit et s'élève tout à fait à l'état de liberté. Sauf quelques rations de fourrage qui lui sont données alors que la neige couvre la terre, dans les hivers rigoureux, sans abri, sans pansage, sans aucune approche de l'homme, en un mot, il est donc le produit direct et unique des circonstances hygiéniques qui concourent à son développement......

« Élevés, ai-je dit, en pleine liberté au milieu de carrés de prairies entourées d'eau de toutes parts, sur un sol presque constamment humide par ce fait, et dans une atmosphère brumeuse, ces animaux ne consomment que les plantes qui y croissent. Souffrant plus ou moins de la faim en hiver, suivant la rigueur de la température, ils maigrissent et ne reprennent un peu d'état qu'après avoir consommé l'herbe tendre du printemps, qu'une active végétation met à leur portée. Car, bien qu'ils méritent d'être classés dans la catégorie des prés humides, en raison de la nature de leur sol et de leur situation, les marais du littoral océanique produisent un fourrage fin et même succulent qui amène promptement ce résultat et leur communique un fond de solidité qui, débarrassé de certaines influences dont je parlerai tout à l'heure, apparaît à son temps et en fait définitivement de très-bons chevaux. Mais on n'aura pas de peine à admettre qu'une alimentation toujours verte, prise en liberté et dans des alternatives de disette et d'abondance, de froid humide et de chaleur caniculaire, si elle n'imprime pas à leur tempérament ce cachet de mollesse qui est le propre des animaux lymphatiques élevés dans les contrées basses et humides où naissent des plantes grossières et fortement aqueuses, lui communique tout au moins une tendance prononcée à l'atonie. En outre, pour ceux élevés dans les environs de Rochefort, notamment, et achetés par le dépôt de Saint-Jean-d'Angély, le voisinage du marais de Marennes, dit marais *gât,* — c'est-à-dire imparfaitement desséché et partant insalubre, — exerce sur l'atmosphère une influence qui se traduit souvent par des fièvres intermittentes tenaces dans l'espèce humaine, et concourt fortement à communiquer aux chevaux cette atonie des tissus. *Les matériaux albumineux prédominent dans la constitution du liquide sanguin aux dépens de la partie cruorique, agent principal de la tonicité.* Et l'on se rendra encore mieux raison de la vérité de cette assertion, si l'on songe que l'humidité du sol en hiver, la grande chaleur de l'atmosphère et la présence d'innombrables insectes en été, mettent un constant obstacle à l'exercice entier de la fonction si remarquable de la peau comme organe d'hématose auxiliaire du poumon.

« Ce sont bien là, on en conviendra, des raisons suffisantes pour avancer *à priori* qu'il en doit nécessairement être de la nature de ces chevaux ainsi que je l'ai dit. On ne comprendrait pas, en effet, que, produits exclusivement par les circonstances hygiéniques que j'ai sommairement indiquées, *sans le secours d'une alimentation sèche et riche de principes toniques et nutritifs, —sans avoine,* en un mot, — il puisse en être autrement. Aussi, en conséquence de ces faits, le cheval des marais est tardif : il n'atteint la plénitude de ses facultés que vers sept ans quand il est abandonné à lui-même, et de cinq à six ans quand il a été de bonne heure soumis au régime de l'avoine. Or, comme on peut dire que tous ou presque tous les chevaux livrés dans l'Ouest à la remonte sont originaires des marais, il s'ensuit qu'en général ils sont mis au service dans un âge encore trop peu avancé et ne restent pas assez longtemps sous l'empire du régime transitoire des dépôts. »

Dans les circonstances générales dont l'énoncé précède, il y a bien, en effet, tout ce qu'il faut pour rendre raison des prédispositions constitutionnelles qui se présentent chez les chevaux qui sont élevés sous leur influence. Dans un travail de la nature de celui auquel j'emprunte cet énoncé, je devais m'en tenir aux idées généralement acceptées relativement au rôle du régime exclusif du vert d'abord, puis à celui des prairies humides ensuite. Mais maintenant qu'il me sera permis de consacrer à cette intéressante question d'étiologie générale plus de développements, je dois commencer par y ajouter quelques détails analytiques sur la constitution du sol de ces marais, arrivés aujourd'hui à un état d'assainissement assez remarquable, à force de travaux de desséchement dont les premiers essais remontent, paraît-il, jusqu'au règne de Henri IV. Ces détails, je les emprunte à un travail sur l'espèce ovine du Centre-Ouest, présenté par moi à la Société impériale et centrale d'agriculture, et dans lequel je les avais déjà consignés.

Le sol des prairies dont il est question est constitué par le dépôt d'une *argile marine* appelée *bri,* provenant des alluvions modernes de la mer. Cette argile, sans mélange de sable, est si compacte qu'elle forme des digues imperméables et qu'on en fait des tuiles et des briques. Située en couches horizontales, elle retient toujours les eaux à sa surface. Une analyse de cette terre a été faite sur un échantillon pris à 1 mètre au-dessous de sa surface et à 6 lieues de la mer. Cette analyse a donné les résultats suivants :

Silice	44.16
Alumine et fer	33.33
Carbonate de chaux	18.00
Eau et perte	4.51
	100.00

A la surface, on ne trouve plus que 12.60 de carbonate de chaux; mais, en revanche, on constate 47.00 d'alumine et de fer, pour 36.00 seulement de silice. Ces différences ont été attribuées à l'influence de la végétation et à l'acidité de la tourbe.

Quoi qu'il en soit de cette explication, un fait existe pour nous, c'est que c'est là un sol essentiellement argileux et, par conséquent, imperméable. Bornons-nous à le constater pour l'instant; nous verrons par la suite s'il est propre à éclairer la question que nous étudions. J'arrive maintenant à ceux recueillis dans la pratique militaire.

Je laisserai de côté, sous ce rapport, ceux relatifs à la forme abdominale bénigne, que j'ai observée à Châteauroux sur des chevaux provenant de Nevers, pour la raison que je manque de renseignements, et sur le pays, et sur leur provenance réelle; bien que je sois porté à croire qu'en raison de l'état dans lequel ils sont arrivés, ils avaient dû passer par la main des marchands, les dépôts ayant été autorisés à cette époque à recevoir *de toutes mains*. Mais, encore une fois, n'ayant pas personnellement étudié cette localité au point de vue agricole, et l'établissement de Nevers étant de création trop récente pour qu'on puisse trouver nulle part des documents dignes de confiance sur la nature des chevaux qu'il fournit ordinairement, pour ne pas risquer d'émettre légèrement des idées hasardées en une matière qui veut être traitée sérieusement, je m'abstiendrai. Nous ne manquerons pas de faits, d'ailleurs, pour y suppléer.

Du 1er janvier au 31 décembre 1855, il est entré dans les infirmeries du 3e de cuirassiers 16 chevaux affectés de diathèse typhoïde bien manifeste, et sous ses deux formes graves. Sur ces 16 chevaux, 9 provenaient du comité éventuel d'achat établi à Paris, 2 du dépôt de Fontenay et 5 de celui de Saint-Jean-d'Angély. Dans le courant de l'année, le chiffre total des chevaux de troupe reçus par le régiment de ces trois provenances s'établit de la manière suivante: Paris, 47; Fontenay, 17; Saint-Jean-d'Angély, 25; sur un nombre de 266 jeunes chevaux de remonte arrivés au corps dans l'année des différents dépôts qui le fournissent, et au nombre desquels ceux de la Normandie figurent en première ligne. Sur ces 16 animaux entrés à l'infirmerie, la maladie s'est déclarée après une moyenne de quarante-six jours de présence au régiment, les extrêmes ayant été dans deux cas de cent dix et cent vingt jours pour le temps le plus long, et dans deux autres, à l'inverse, les animaux, arrivés malades de Paris, sont entrés le jour même de leur arrivée. Parmi tous les malades, un seul était depuis quelque temps passé à l'escadron, et les 15 autres soumis au régime particulier des chevaux de remonte, c'est-à-dire qu'ils n'avaient encore été livrés à aucun travail. Le cheval d'escadron était seulement âgé de cinq ans et provenait de Fontenay; l'autre, de la même provenance, en avait neuf. Sur les 9 de Paris, 7 avaient six ans, 1 en avait sept, et le dernier huit. Aucun des 5 de Saint-Jean-d'Angély n'avait au-dessus de quatre ans.

La 5e batterie du 11e régiment d'artillerie est arrivée à Haguenau le 28 octobre 1855, avec un effectif de 155 chevaux. Elle avait quitté la portion centrale de son corps le 1er et passé près d'un mois à Neuf-Brisach. Sur les 155 chevaux de cette batterie, 92 provenaient de la remonte de Paris; le reste se répartit à peu près également entre Caen, Villers et Sampigny. A partir de leur arrivée jusqu'au commencement de décembre, c'est-à-dire dans l'espace d'un mois environ, 14 entrèrent successivement à l'infirmerie avec tous les signes de la forme thoracique de la diathèse typhoïde. A ce même moment, 30 des chevaux de Paris furent envoyés à Wissembourg, et, quelques jours après, 35 autres de même provenance à Strasbourg, où le régiment tient garnison. Sur ces entrefaites, les neiges avaient rendu tout travail impossible, et il n'est pas superflu de noter ici que, pour de l'artillerie surtout, le travail est extrêmement pénible dans le champ de manœuvre de Haguenau, pour cette raison que le sol, presque exclusivement composé d'un sable siliceux très-fin (débris du grès rouge des Vosges), est extrêmement meuble et ne résiste ni sous les pieds des chevaux, ni surtout sous les jantes des roues d'affûts ou de voitures. Aussi, à dater de cette époque jusqu'au moment où j'écris ces lignes (25 janvier 1856), 5 cas nouveaux seulement se sont présentés, dont un sous la forme abdominale grave, comme rechute de la forme thoracique.

En somme, 19 cas graves ont donc été observés jusqu'à présent sur les chevaux de cette batterie. Sur les 19 animaux qui les ont présentés, 15 provenaient de Paris et 4 de Sampigny; 3 étaient âgés de huit ans, 3 de sept ans, 7 de six ans, 6 avaient cinq ans seulement; 2 étaient arrivés au corps depuis le 7 août 1855, 7 depuis le 7 septembre, 1 depuis le 10, 1 depuis le 17, 5 depuis le 24, 2 depuis le 25 et, enfin, 1 depuis le 27 du même mois. Les plus anciens avaient donc moins de deux mois de présence lorsqu'ils furent appelés à se mettre en route comme chevaux de batterie, tandis que la plupart comptaient à peine quelques jours.

De tous ces faits, ce qui ressort tout d'abord le plus clairement, c'est que, dans la catégorie des chevaux de cuirassiers comme dans celle des chevaux d'artillerie, la diathèse typhoïde s'est montrée avec une évidente prédilection sur ceux qui proviennent du comité éventuel d'achat de Paris. Ceux des dépôts de l'Ouest, de Fontenay et de Saint-

Jean-d'Angély viennent ensuite ; quelques cas seulement pour Sampigny.

Au 3e de cuirassiers comme à la batterie d'artillerie, tous les chevaux étaient et sont encore soumis aux mêmes conditions hygiéniques quelconques, quelle que soit d'ailleurs leur origine. Par conséquent, du moment qu'on voit la maladie atteindre presque exclusivement ceux de certaines provenances, rien de plus logique et de plus naturel que d'en conclure qu'il y a lieu d'examiner de plus près la question de savoir s'il n'y avait point dans cette répétition de faits semblables autre chose qu'un cas fortuit, et si, au contraire, il ne serait pas possible d'y rencontrer une relation scientifique de cause à effet.

Pour ce qui est de Sampigny, je me récuse, ne pouvant juger que par induction des qualités de son sol. Or, je me suis engagé à n'interroger que des faits, et il pourrait bien se faire que parmi mes bienveillants lecteurs il ne s'en trouvât qu'un bien petit nombre qui fussent disposés à accepter pour valables des arguments puisés à cette source, et seulement basés sur les caractères de conformation et de tempérament des chevaux provenant de cette contrée (1).

Il n'en sera pas de même pour les régions de Fontenay et de Saint-Jean-d'Angély, et ce que j'en ai déjà dit suffira pour l'expliquer. Après les détails que j'ai donnés plus haut, et sur la nature du sol sur lequel sont élevés les chevaux de ces provenances, et sur leur mode particulier d'élevage ; pour peu que l'on veuille se donner la peine d'y réfléchir, en rapprochant ces conditions hygiéniques de la nature, ou pour mieux dire des caractères *cliniques* que nous avons reconnus à la diathèse typhoïde, on est frappé de la filiation logique qui existe entre le principe et la conséquence. Sans même y faire intervenir la moindre question un peu précise de chimie physiologique, et comme impression générale seulement, on ne peut se défendre d'accepter, non-seule-

---

(1) Depuis que ceci est écrit, un changement de garnison m'a mis à même de traverser d'un bout à l'autre la circonscription du dépôt de Sampigny. J'ai donc pu l'examiner de près à ce point de vue. Or, les charrues constamment attelées de quatre chevaux, que l'on rencontre partout en Lorraine, suffiraient pour faire juger de la nature argileuse du sol, si, d'ailleurs, un examen direct répété chaque jour, et des renseignements puisés auprès de plusieurs agriculteurs distingués que j'ai rencontrés sur ma route, ne m'en avaient donné la certitude.

ment comme vraisemblable, mais encore comme positive, cette conclusion.

C'est qu'il y a dans cet ensemble de circonstances que nous avons
relatées tout ce qu'il faut pour imprimer aux organismes qui se déve-
loppent sous leur influence ce manque absolu de *ton,* qui est le cachet
dominant de la diathèse. Il y a le régime alimentaire en plein vent,
avec des alternatives de disette et de bien-être, de froid humide et de
chaleur excessive ; il y a l'action des nuées de moustiques qui, en été,
infestent l'atmosphère ; il y a l'influence paludéenne, dont M. Ancelon
a si bien fait ressortir l'importance pour les marais de la Seille (1) ; il
y a enfin, par dessus tout, l'influence d'un sol fortement argileux.

On manque encore des éléments positifs capables de donner à ce
dernier fait toute sa signification. C'est là un sujet qui appelle de nou-
velles et persévérantes recherches ; mais il n'en est pas moins vrai
qu'il paraît acquis à l'observation que la nature des terrains exerce
sur la nature des maladies une action décisive, et que celle des sols
argileux, en particulier, s'effectue dans le sens dont il s'agit ici. Il
faut dire même que cela se comprend assez, quand on réfléchit surtout aux lumières qu'ont produites dans cette question des sols froids
les études sur le drainage. Les plantes qui végètent dans de pareilles
conditions *ne peuvent pas* posséder des qualités nutritives suffisantes
pour communiquer à l'économie animale une constitution solidement
établie ; il leur manque, paraît-il, le principe stimulant indispensable
à une alimentation complète.

Mais je dois demeurer sobre d'explications, en tant qu'elles ne peuvent reposer encore sur aucune donnée expérimentale. Le fait d'observation semble à l'abri de toute contestation ; il existe, et ce sera
l'honneur de M. Plasse de l'avoir signalé le premier. Je ne crois point,
en effet, que personne puisse victorieusement lui en contester la prio-
rité. Admirablement placé, comme il l'a dit lui-même quelque part,
pour faire à ce point de vue des observations comparatives, au milieu
d'un pays que j'ai pu visiter maintes fois, et qui présente deux zônes

______

(1) Ces marais se trouvent précisément dans la circonscription du dépôt
de Sampigny.

bien tranchées, dont l'une est exclusivement calcaire et l'autre exclusivement argileuse ; avec les qualités d'observateur et la persévérance dont est réellement doué l'honorable praticien, il a pu accumuler à ce sujet une masse imposante de faits qui, bien qu'empiriquement déduits, n'en ont pas moins une immense valeur.

Je suis donc porté à accorder, pour ma part, à la constitution argileuse du sol sur lequel naissent les animaux, et particulièrement le cheval, une importance de premier ordre dans l'étiologie de l'affection dont il s'agit ; mais seulement, bien entendu, lorsque son influence n'est pas contrebalancée par l'intervention d'un agent étranger, tel que l'avoine ajoutée au régime alimentaire, par exemple ; et c'est précisément le cas dont il s'agit. Depuis leur naissance jusqu'au moment où ils sont livrés à la remonte, les chevaux élevés dans les marais de l'Ouest en ont été entièrement privés. Ils n'ont pu consommer que des herbes vertes et se développant, on le sait, dans des circonstances inhabiles à permettre en elles la production des principes aromatiques et, par conséquent, excitants et toniques qui communiquent, dans certains cas, aux fourrages naturels les qualités suffisantes pour les constituer à l'état d'aliment complet. A ce point de vue, que la physiologie démontre être conforme aux lois naturelles, il suffirait même d'un régime exclusivement vert pour expliquer la *prédisposition* idiosyncrasique que je cherche à mettre en lumière, au moins dans de certaines limites. On n'aura donc point de peine à l'accepter ici, où toutes les autres circonstances convergent vers sa production.

A l'influence que nous sommes disposés à reconnaître aux sols argileux, M. Plasse a cherché une explication qui concordât avec la grande quantité d'observations directes qu'il a pu recueillir : il a prétendu que les conditions de végétation humide, dans certains sols et dans certaines circonstances climatériques, favorisaient le développement des cryptogames, auxquels il attribue finalement le développement de toutes les maladies qu'il range dans la catégorie typhoïde. Il n'y a là rien, on en conviendra, qu'il répugne à la raison d'admettre, et il n'est sans doute aucun de nous qui n'ait été à même de constater l'influence pernicieuse des aliments moisis administrés à forte dose. Or, pour être donnés en petites proportions, ils n'en sont pas moins des poisons, et leur usage longtemps continué ne peut manquer d'altérer profondément la constitution. Voici, du reste, ce qui, à ma connaissance, s'est passé à ce sujet au dépôt de Saint-Jean-d'Angély, il y a quelques années. Une certaine quantité de paille mal récoltée et moisie, qui se trouvait en magasin, avait été refusée par les officiers chargés de recevoir les denrées mises en distribution. Comme le fournisseur des fourrages était en même temps l'adjudicataire des fumiers produits dans l'établissement, il offrit de donner cette paille comme supplément de litière. Les jeunes chevaux du marais, habitués à manger durant toute la journée, ne laissent habituellement rien perdre de leur ration de fourrage, et l'on éprouve bien des difficultés pour leur entretenir un lit suffisant. La proposition du fournisseur fut donc agréée dans d'excellentes intentions, comme on voit. Or, il arriva qu'un certain nombre mangèrent, en sus de leur ration, une quantité plus ou moins considérable de ladite litière, et cela se continua tant que dura l'approvisionnement. On ne tarda point, cependant, d'en voir arriver les conséquences. Plusieurs jeunes chevaux entrèrent coup sur coup à l'infirmerie, atteints de la forme abdominale grave de la diathèse typhoïde, dont quelques-uns moururent, et c'est dans ces cas que l'on put constater dans l'intestin les ulcérations remarquables dont j'ai parlé.

Indépendamment de la prédisposition diathésique inhérente au mode d'élevage de ces chevaux, comme je l'ai fait voir, il y avait eu en outre, dans ces cas, ce que M. Plasse appelle *intoxication cryptogamique;* et je suis porté à croire, pour ma part, que c'est seulement alors qu'il est permis de constater les ulcérations de l'intestin. La différence d'intensité que la forme abdominale présente, depuis celle que nous avons qualifiée de bénigne jusqu'à celle qui s'accompagne de la destruction ulcérative de la muqueuse intestinale, me paraît devoir être attribuée au degré et à la durée de cette intoxication. Il est à peine besoin d'insister sur ces faits qui, sans être ainsi systématisés, ont cours depuis longtemps en vétérinaire, et à titre de faits seulement. On n'a jamais manqué de faire intervenir dans la production des affections intestinales les aliments *moisis* et *poudreux.*

Mais il nous reste à rechercher les conditions hygiéniques au milieu desquelles ont pu se trouver antérieurement à leur arrivée dans les corps les chevaux provenant du comité éventuel de Paris. Nul besoin de faire remarquer que ces chevaux n'ont pu passer directement des mains des producteurs dans celles de la remonte, comme c'était le cas tout à l'heure. Par son siége même, le comité ne pouvait avoir affaire qu'à des intermédiaires ; par conséquent, — comme l'indiquent, du reste, la grande variété des caractères et des races, — des chevaux de presque toutes les contrées de la France et de quelques provinces étrangères s'y étaient donné rendez-vous. Ce n'est donc point ici dans la constitution du sol sur lequel ils se sont élevés, non plus que dans la disposition et la configuration du milieu dans lequel ils ont passé leurs premières années, que nous pouvons songer à rechercher la cause efficiente du mal dont il s'agit.

Nous nous trouvons en face d'un fait qui doit tout d'abord arrêter notre attention. C'est toujours à la suite de remontes éventuelles que les affections typhoïdes paraissent avoir exercé de grands ravages dans l'armée, et, en témoignage de ce fait, nos annales contiennent des documents qui prouvent qu'il en a été ainsi, notamment à la suite de celles qui ont eu lieu en 1840 et 1848. Cela, si je ne me trompe, tendrait à démontrer que leur cause, dans ce cas, pourrait bien être inhérente au mode dont il s'agit. C'est ce que nous allons voir.

En premier lieu, si nous jetons un coup-d'œil sur les chiffres que j'ai établis ci-dessus, nous voyons que la presque totalité de nos malades venant de Paris étaient âgés de plus de six ans. En présence de cette considération, et pour peu qu'on ait idée du côté économique de notre industrie chevaline, on serait convaincu que ces chevaux avaient avant leur achat déjà fourni une somme de travail assez considérable, si l'on ne pouvait d'ailleurs s'en assurer par les traces qui en subsistent le plus souvent et, ce qui est encore plus certain, par des renseignements positifs. Et ils arrivent ordinairement au corps dans un état d'embonpoint remarquable ; ils sont ce qu'on appelle, en terme de maquignon, *parés* ou *refaits*.

Or, veut-on savoir, — si on l'ignore, — le moyen mis en pratique par les marchands de chevaux *expérimentés* pour *refaire* un cheval, ou seulement même pour le *parer ?* Le voici. Il consiste en deux opérations principales : 1° Mettre obstacle, dans de certaines limites, aux fonctions régulières de la peau ; 2° faire absorber à l'animal, dans un temps donné, la plus forte somme possible de principes gras et amylacés. Sous l'empire de ce régime, la peau de l'animal se remplit en peu de jours, et il acquiert ces formes arrondies qui plaisent tant au vulgaire et servent si facilement à dissimuler ses défauts, ou il faut alors qu'il se montre bien réfractaire.

Pour la réalisation pratique du procédé, les animaux sont placés dans des écuries obscures, soigneusement enveloppés de plusieurs couvertures ; ils ne font, pendant tout le temps que dure leur *préparation,* aucun exercice, et ils reçoivent une alimentation exclusivement composée de farineux et de graines légumineuses bouillies, telles que des fèves, par exemple ; quelques-uns administrent en outre la graine de lin. On prétend même, — mais je ne l'ai point constaté *de visu,* — que, depuis que l'histoire des *toxicophages* est arrivée jusqu'à eux, d'aucuns secondent l'action de ces moyens, déjà passablement énergiques, par l'administration de l'arsenic, laquelle substance, dit-on, pousserait à la graisse.

Quoi qu'il en soit de ce dernier fait, que je ne saurais garantir, on se rend facilement compte de l'action que peut avoir sur la constitution un engraissement ainsi forcé. Réduire l'hématose et, par conséquent, l'oxydation des carbures d'hydrogène pour faciliter leur accumulation dans les mailles du tissu cellulaire ; faire prédominer, par cela même, dans le liquide sanguin les principes albumineux ; ralentir en même temps l'assimilation des principes protéiques et le départ de la lymphe ; en somme, altérer toutes les actions nutritives : tel est l'effet le plus immédiat d'un pareil régime.

Ainsi, ces chevaux qui, pour la plupart, étaient déjà affaiblis par le travail et par des voyages le plus souvent assez longs, sans doute, ont eu à subir le régime pernicieux dont il vient d'être question : c'est plus qu'il n'en faut pour expliquer la prédisposition maladive dont l'existence a été constatée, et il est à peine besoin d'insister plus longuement sur ce point, qui ne rencontrera sans doute aucune incrédulité. Il est trop connu que la formation des principes gras dans l'économie, et, pour mieux dire, de tous les produits hydrogénés et carbonés, est toujours en raison inverse du développement de ceux qui lui communiquent le ton et la vigueur, pour que j'aie besoin d'en déduire ici les raisons.

Mais si dans ces cas, exceptionnels fort heureusement, puisque en temps ordinaire les marchands sont exclus de la remonte de notre cavalerie, il est facile de saisir dans leur vicieuse manière d'opérer la cause directe des phénomènes pathologiques que l'on est presque infailliblement appelé à observer lorsqu'ils interviennent, dans d'autres plus ordinaires, qui se présentent ailleurs, mais qui sont moins accusés, il n'est pas toujours facile de démêler la vérité. Je dois cependant essayer d'en dire un mot, et ce que nous venons de voir ne sera peut-être pas inutile à l'éclaircissement de cette question.

On a dit qu'une alimentation trop exclusive avec des fourrages provenant de prairies artificielles formées de plantes légumineuses n'était pas propre à fournir à la constitution du sang les matériaux qui lui sont nécessaires pour présenter des conditions normales. Des observations qui doivent inspirer une certaine confiance tendent à établir la vérité de cette assertion ; et, en outre, on ajoute que le fait est surtout remarquable lorsque les dites légumineuses ont végété sous un climat humide qui, indépendamment de son action directe sur la végétation, exerce encore sur la récolte une influence fâcheuse. Cette doctrine a soulevé, je ne dirai pas seulement des doutes, mais, mieux que cela, une réprobation presque générale. L'analyse chimique (les fourrages artificiels dosent plus d'azote que les fourrages naturels), les résultats journaliers de la pratique semblent, en effet, déposer contre sa validité.

Je ne peux pas, on le comprendra j'espère, entreprendre une longue discussion sur cette théorie ; cependant, comme la question à laquelle elle s'applique appartient à mon sujet, je dois l'examiner en passant.

Et d'abord il faut écarter tout à fait les arguments tirés de la pratique. Comme cela a été justement remarqué déjà, aucune expérimentation rigoureuse n'a encore démontré le contraire, et les faits qu'on a cherché à opposer à cette doctrine n'étaient, à aucun égard, dans les conditions nécessaires pour leur donner une valeur. Jusqu'alors on l'a attaquée avec des assertions et des convictions contraires ; mais d'arguments solides, mais de faits rigoureux, point !

En laissant même de côté cette considération que dans les contrées humides, dont nous avons déjà apprécié l'influence, les fourrages artificiels, normalement plus aqueux, sont plus prédisposés à subir le développement des parasites et plus difficiles à dessécher suffisamment ; en supposant ces fourrages de bonne qualité, en tant que chacun d'eux peut l'être, il s'agit de savoir si, *administrés exclusivement* pendant une suite d'années ; si, en un mot, formant à eux seuls la nourriture des chevaux depuis le sevrage jusqu'à l'âge adulte et même après, ils sont propres à communiquer au sang, en proportion suffisante , *tous* les principes qui, *normalement,* doivent entrer dans sa composition ; car c'est ainsi que doit être posée la question.

Eh bien, pour ma part, je n'hésiterais point à résoudre par la négative une question posée en de pareils termes. Nous avons vu, en effet, les résultats produits par une alimentation exclusivement verte, composée cependant d'herbes naturelles et, par conséquent, jusqu'à un certain point variées ; nous avons vu ceux qui ne manquent guère de survenir à la suite de l'usage abusif des farineux et des graines légumineuses. Quoi d'étonnant, en demeurant même sur le terrain pratique, que l'usage exclusif d'une seule plante longtemps continué puisse produire des effets analogues? Mais il y a plus : cela est aujourd'hui à l'état de fait acquis à la physiologie. Il est indispensable à l'entretien intégral de la santé que la nourriture soit variée. On s'est peut-être exagéré l'importance du dosage en azote dans l'appréciation de la valeur nutritive des substances alimentaires. L'économie animale et, par conséquent, le sang, ne se compose pas que de ce gaz. Or, s'il est incontestable que les légumineuses fourragères en contiennent une proportion plus élevée que les graminées, est-ce une raison pour qu'un fourrage exclusivement composé d'une seule ou même de deux des premières doive réaliser plutôt les conditions d'une alimentation complète qu'une autre qui proviendrait d'une prairie naturelle? Non, certes ; et la conclusion vraiment scientifique à tirer de ceci, c'est qu'aucun des deux ne laisse, sous ce rapport, rien à désirer ; mais que, en tout état de cause, le dernier pouvant contenir en même temps des principes nutritifs, des principes excitants et des principes amers et toniques par le fait de la variété des plantes qui entrent dans sa composition, se rapproche plus que l'autre des qualités qui font l'aliment complet. Il résulte des nombreuses et savantes recherches analytiques de M. Isidore Pierre sur les différents fourrages, que le *regain* de prairie naturelle dose plus d'azote que le fourrage de première coupe. Qui est-ce qui oserait en conclure que le regain est plus propre que celui-ci à entretenir les animaux en santé? Il s'élève dans certaines contrées dont l'herbe est fine et fortement aromatique d'excellents chevaux, des chevaux hors ligne par la vigueur, le fond et la rusticité, sous le régime exclusif du pâturage. Je demande qu'on me cite des résultats analogues, — je ne dis pas identiques, — obtenus par l'usage exclusif du sainfoin ou de la luzerne! Qu'on me parle d'engraissement des bœufs ou des moutons, par exemple, d'accord; je n'y vois aucun empêchement.

Est-ce à dire qu'il faille pour cela faire rétrograder le progrès et renoncer à la culture des prairies artificielles, comme on a voulu faire sortir cette conséquence forcée de la doctrine que je défends? Qui donc se sert d'une pareille logique? J'ose me flatter, quant à moi, qu'elle n'est pas à mon usage. Il est des gens qui sont toujours disposés à voir les idées qu'ils ne partagent pas grosses de dangers imaginaires. Rassurez-vous, ô hommes timorés! il n'est nullement question de démontrer que les prairies artificielles sont une mauvaise chose. Nous savons comme vous le rôle qu'elles ont joué dans le développement du progrès agricole. Ce qui est vrai, c'est qu'il ne convient pas d'élever des chevaux avec l'usage exclusif des fourrages qu'elles produisent. Et comme le progrès entraîne aussi la culture de l'avoine, il nous sera facile de nous entendre; et, à la condition que celle-ci entre pour une part dans l'alimentation et que la récolte des fourrages artificiels soit faite avec toutes les précautions que commande leur teneur en eau, nous reconnaîtrons avec vous que non-seulement ils sont sans danger, mais, bien mieux, qu'ils sont *très-nutritifs*.

En dernière analyse, je crois donc que, dans les limites que je viens de poser, la consommation exclusive des fourrages artificiels peut être une cause de diathèse typhoïde.

Nous venons de passer en revue les éléments étiologiques les plus rationnels qu'il me paraisse possible d'attribuer à l'affection qui nous occupe. Nous les avons trouvés à peu près exclusivement dans l'alimentation. C'est que, chez les animaux domestiques surtout, lorsqu'il est question d'une altération constitutionnelle aussi remarquable, il ne faut par l'aller chercher ailleurs. Le sang, comme nous l'avons vu, parait manquer d'une proportion suffisante de ses globules colorés, et ceux-ci sont remplacés par une quantité plus abondante de la partie fibrino-albumineuse. Où chercher raisonnablement la raison de ce fait, si ce n'est dans les matériaux qui ont servi de longue main à son élaboration? Et c'est dans ce sens, il faut le dire, que devraient être plus souvent dirigées les recherches étiologiques, dans l'armée surtout, où l'on a malheureusement trop de tendance à les tourner d'un autre côté. Il me paraît incontestable qu'une infinité de causes qui interviennent pour déranger la santé du cheval en général, et du cheval de troupe en particulier, n'agiraient point ou n'exerceraient qu'une action éphémère et peu profonde, si l'organisme de cet animal était au préalable solidement constitué par une alimentation irréprochable; si, par conséquent, il avait acquis par ce moyen une force de résistance capable de le faire réagir avec succès contre l'influence de ces causes. On ne manquerait point de faits à l'appui de la vérité de cette assertion, s'il en était besoin. La concordance d'une réduction assez notable de la mortalité dans notre cavalerie, pour cause de morve notamment, avec certaines mesures qui se rapportent à l'ordre d'idées dont il s'agit en ce moment nous en fournirait de très-concluants. Du reste, cette importance primordiale et tout à fait majeure de l'alimentation comme cause des grandes maladies qui sévissent sur les animaux, ainsi que sur l'homme, résulte des trente années d'observations suivies de M. Plasse. Une idée qui se présente avec un bagage de faits aussi considérable mérite d'être prise en sérieuse considération, surtout lorsque, comme c'est le cas, elle a pour elle en même temps la bonne et saine physiologie.

Comme l'adoption de cette idée, en principe, nécessite dans l'application des recherches quelquefois longues et pénibles, et toujours attentives, on trouve beaucoup plus commode, dans l'armée comme ailleurs, de s'arrêter aux causes occasionnelles qui frappent plus immédiatement les sens et l'esprit. Je suis obligé de faire ici une petite excursion dans le domaine de l'étiologie générale, et j'en demande pardon au lecteur ; mais mon sujet me commande, et je ne puis que lui promettre d'être aussi court que possible. Il est, d'ailleurs, des vérités qui ne peuvent que gagner à être répétées ; et, aussi bien, elles se rapportent directement, comme il sera facile de le voir bientôt, à l'étiologie particulière de la diathèse typhoïde.

Deux causes sont, en général, plus volontiers attribuées aux grandes maladies (je mets à part la contagion) qui sévissent sur les animaux ; ce sont : 1° les logements trop étroits, mal aérés et insalubres, et 2° le travail. Soit pour la morve, soit pour la péripneumonie des bêtes bovines, soit pour les affections typhoïdes : voilà le centre dans lequel la plupart des auteurs ont constamment tourné. Là-dessus des théories plus ou moins ingénieuses ont été faites. On a pendant longtemps fait peser tout le poids de l'étiologie de la morve, dans la cavalerie, sur *l'entassement dans des écuries étroites et malsaines,* et l'on attribuait à cette cause une essentialité incontestable. Or, le casernement, sous l'empire de cette idée, a été transformé de telle façon qu'il ne laisse plus presque nulle part rien à désirer. Eh bien, on a vu des régiments qui, *dans toutes leurs garnisons,* continuaient à perdre un nombre sensiblement égal de chevaux de la morve. En somme, la réforme du casernement, bien que fort utile, n'a pas produit, — cela a été démontré, — les résultats qu'on en attendait en ce sens. C'est alors qu'on s'est rabattu sur le travail excessif. Il n'est pas possible d'ouvrir un seul des livres qui traitent de l'hygiène du cheval de troupe, sans rencontrer cette cause parmi les principales. Mais le repos aussi est une cause de maladie ! En vérité, à voir la manière dont on traite en général le cheval de troupe, il ne semble point qu'il soit entretenu en prévision des nécessités de la guerre ; les constantes préoccupations de ceux qui s'en occupent paraissent être, au contraire, de le rendre le plus possible impressionnable aux influences que celle-ci entraîne avec elle. Qu'est-ce, par exemple, je vous le demande, qu'un cheval de guerre qui ne peut pas, le cas échéant, fournir un travail, même forcé, tout en endurant quelques privations? C'est.... ce que nous avons vu en Crimée, un cheval de garnison qui, arrivé sur le théâtre de la guerre, meurt et laisse son cavalier à l'état de non-valeur.... Et pourquoi, s'il vous plaît, le travail est-il pernicieux à nos chevaux de troupe ? Comment agit le travail? Voyons. C'est, n'est-ce pas, en usant les éléments de la force. Or, ces éléments, qu'est-ce qui les donne?.... Qu'est ce qui donne à la vapeur d'eau qui fait jouer le piston de la locomotive la tension nécessaire à sa détente? Évidemment le calorique que lui communique la combustion du coke. Supprimez ou diminuez la proportion nécessaire de celui-ci, soit en quantité, soit en qualité : la machine s'arrête ou ralentit seulement ses mouvements. Eh bien, quel est le coke, le combustible, l'élément de la force animale, en autres termes, si ce n'est l'alimentation? Réparez suffisamment les pertes, fournissez l'aliment en proportion de la dépense de force, et rien ne peut faire supposer que l'équilibre ne sera pas maintenu. Si le travail était une cause inéluctable de la maladie, et qu'il ne fût pas possible de mettre les chevaux de troupe en état d'y suffire dans la mesure inhérente aux besoins qu'ils ont à satisfaire, il faudrait renoncer à la cavalerie. Si donc ce qui, dans l'état actuel des choses, est un fait vrai dans beaucoup de cas, à savoir : qu'on observe plus de maladies à la suite d'un travail un peu forcé, cela tient uniquement à des prédispositions antérieures, déterminées par une alimentation vicieuse ou insuffisante. Le travail agit alors comme cause occasionnelle, et, si l'on veut bien se souvenir à présent de ce qui s'est passé pour la batterie d'artillerie dont il a été question dans ce chapitre, on y verra une démonstration *à posteriori* de cette assertion, une démonstration par la preuve.

Les chevaux de cette batterie, logés dans des écuries privées de la ville, n'y avaient point trouvé, à beaucoup près, toutes les conditions du casernement militaire. En voyant se développer coup sur coup, peu de jours après leur arrivée, un aussi grand nombre de maladies graves, des observateurs superficiels furent portés, cela se comprend, à les attribuer à cette cause. On ne réfléchissait point qu'en même temps la même maladie sévissait dans les écuries des régiments casernés à Strasbourg, qui sont construites sur le nouveau modèle, et qu'elle y faisait un nombre de victimes qui motiva l'envoi d'un vétérinaire principal en mission. Aussi bien, puisque nous savons à peu près la nature clinique de cette maladie, nous pouvons chercher un peu comment un plafond moins élevé, un pavé moins uni ou absent, l'absence de bat-flancs, etc., aurait pu en amener le développement. Il n'y a pas action d'un principe septique ; il n'y a, nous l'avons vu, que de l'aglobulie. S'il était démontré que la quantité d'air que peut consommer, en un temps donné, chaque cheval dans ces écuries est insuffisante, tout en tenant compte de l'état des ouvertures ; s'il était vrai, également, que ce même air fût constamment saturé d'humidité, ou que des gaz délétères ou seulement irrespirables y fussent mêlés en proportion considérable : on concevrait que toutes ces circonstances réunies pussent *à la longue* agir sur la constitution du sang de manière à y produire le résultat dont il est question. Mais outre que, dans ce cas particulier, il faudrait leur accorder une rapidité d'action qu'elles ne sauraient jamais avoir, rien ne peut faire raisonnablement supposer que telles soient les qualités de l'air qu'on y respire. Il suffirait, aussi bien, de faire remarquer qu'on ne concevrait point pourquoi cette fâcheuse action se serait exclusivement exercée sur les chevaux provenant de Paris, tandis que tous les autres y étaient soumis en même temps, si l'observation de tous les jours, dans la pratique civile, ne démontrait que dans une multitude de localités où les fourrages sont toujours de bonne qualité et l'alimentation saine et abondante, les animaux se maintiennent fort bien en santé, tout en logeant dans des écuries ou étables qui, sous tous les rapports, laissent beaucoup à désirer. Les logements n'en valent que mieux tels qu'ils sont disposés maintenant pour l'armée, sans contredit ; mais enfin, dans l'appréciation des causes des affections graves qui sévissent sur un grand nombre d'individus, il ne faut jamais, sauf à manquer de prudence, leur accorder qu'une importance secondaire.

Voyez les efforts si ingénieux qui ont été faits, en se basant sur des observations recueillies dans le département du Nord, pour démontrer que la cause essentielle de la péripneumonie des bêtes bovines réside dans les étables étroites où y sont entassées les vaches ! Certes, les inductions théoriques n'y manquent pas. Or, presque en même temps cette redoutable affection se déclarait sur les sommets du Cantal, où assurément l'air pur ne fait pas défaut, comme tout exprès pour leur donner un démenti, avec toute la brutalité d'un fait. Eh bien, en

voyant attribuer à la même cause le développement des maladies typhoïdes, — et je ne parle pas seulement ici de ce qui s'est passé à Haguenau, car on ne peut pas s'y arrêter un seul instant, mais surtout je
fais allusion à de récents efforts dirigés en faveur de l'opinion que je
combats contre celle que je soutiens, — en voyant cela, dis-je, on ne
peut se dispenser de prendre ses adversaires par la main et de les conduire en pensée dans les marais du littoral, où, comme on le sait
maintenant, les chevaux ne sont point *entassés* (c'est le mot adopté)
pendant toute la période de jeunesse qu'ils y passent, et de là dans les
établissements de remonte aux écuries vastes et réunissant toutes les
conditions du confortable le plus désirable pour des chevaux ; puis
enfin dans les régiments, qui sont généralement aussi bien partagés.
On ne rencontre point, dans cette longue pérégrination, les influences
signalées, et pourtant, dès qu'une cause morbide un peu intense
s'exerce brusquement sur ces chevaux, c'est toujours l'une ou l'autre
des formes de la diathèse typhoïde qui se fait remarquer. Il me semble
qu'à ce point de vue un pareil fait est instructif.

Les écuries basses et peu aérées, personne ne le nie, ont évidemment un rôle dans la production des maladies dont nous parlons ici ;
elles agissent en raison de l'élévation de leur température qui, étant
toujours de beaucoup au-dessus de celle du dehors, rend par cela
même la peau plus impressionnable à l'action brusque de celle-ci. En
ce sens, elles méritent d'être classées au nombre des causes secon-
daires, et il ne serait pas sage de négliger d'en tenir compte. Mais je
répéterai en terminant ce que j'ai dit en commençant : Pour que les
recherches étiologiques soient fructueuses, il faut avant tout qu'elles
s'attachent aux causes essentielles.

En résumé, une alimentation dépourvue tout à fait, ou incomplète-
ment pourvue de principes toniques, telle est donc la cause essentielle
de la diathèse typhoïde. Plusieurs circonstances accessoires, au nombre
desquelles il faut placer en première ligne l'influence paludéenne, considérée en dehors de l'alimentation, favorisent son développement. Il
est inutile d'ajouter que la rapidité de ce développement est toujours
en raison directe de l'absence plus ou moins complète des dits principes toniques, soit que, par nature, les aliments n'en contiennent

point, comme c'est le cas pour les fourrages artificiels et pour les fourrages naturels qui végètent sur un sol argileux non drainé, soit que leur action ait été détruite par des altérations, comme celles qui entraînent le développement de cryptogames parasites, par exemple.

Tout l'ensemble des autres causes imaginables ne peuvent que provoquer la manifestation de cette diathèse, sous l'une ou l'autre de ses formes, suivant le sens dans lequel elles agissent et celui des prédispositions individuelles. Ainsi, chez tel individu où, en l'absence de la diathèse et sous l'influence d'une ou de plusieurs des causes de cet ordre, il se serait développé une pneumonie franche, l'existence de cette même diathèse fait que c'est sa forme thoracique qui se montre ; de même pour la forme abdominale qui, dans les mêmes conditions, se présente à la place d'une entérite. Cela dit, il devient inutile, je pense, d'énumérer ces différentes causes, qui sont comme les lieux communs de la pathologie. Je me contenterais de citer les arrêts de transpiration, si tout le monde ne savait que ce qu'on appelle de ce nom concourt directement à la production des sept huitièmes des maladies.

Personne n'ayant, que je sache, admis la contagion comme moyen de propagation des affections typhoïdes, et n'ayant non plus moi-même aucune raison de la considérer ni comme possible ni comme rationnelle, il est dès lors parfaitement inutile de s'arrêter à discuter cette question. Je me bornerai donc à énoncer à la fin de ce chapitre cette proposition : La diathèse typhoïde du cheval ne paraît pas contagieuse.

V.

PROPHYLAXIE ET THÉRAPEUTIQUE.

S'il est vrai de dire que la connaissance du siége et de la nature d'une maladie met presque à coup sûr le praticien sur la voie de son traitement rationnel et efficace, il l'est tout autant de considérer que rien n'est plus propre à indiquer sa prophylaxie qu'une étude bien conduite de ses causes. C'est que l'un et l'autre découlent logiquement de ces deux ordres de connaissances ; et, de plus, il faut ajouter qu'ils en sont pour ainsi dire le critérium, et que, suivant leur efficacité, ils en confirment la justesse ou en démontrent l'erreur. A ce double point de vue, la science de l'hygiène et les ressources de la thérapeutique sont assez bien fixées au sujet des nécessités qui résultent de nos études, pour que je n'eusse aucune peine à instituer ici quelque chose de parfaitement basé, si, d'ailleurs, une pratique déjà assez longue et exercée sur une échelle passablement large ne m'avait enseigné la meilleure marche qu'il convient de suivre en pareil cas.

Je n'ai point à m'occuper ici des grandes améliorations agricoles qu'il conviendrait de réaliser dans les contrées qui, comme on l'a vu, par la constitution même de leur sol, favorisent le développement de la diathèse thyphoïde chez les chevaux qui y sont élevés, et parmi lesquelles le drainage devrait occuper le premier rang. Je n'ai point non plus à m'arrêter sur les avantages que les cultivateurs de certains départements, qui nourrissent exclusivement leurs chevaux avec des fourrages artificiels, retireraient d'associer une certaine quantité d'avoine à cette alimentation. Je veux demeurer, dans ce travail, principalement placé au point de vue du cheval de troupe, et, par conséquent, je dois prendre cet animal au moment où il arrive dans les corps de cavalerie, en y apportant les prédispositions contractées soit dans son mode d'élevage, soit dans d'autres circonstances. Il suffit à ma tâche d'indiquer les moyens propres à prévenir la *fixation* de la diathèse typhoïde sur ceux qui l'auraient apportée.

En présence de ce fait acquis, que les affections de ce genre se montrent toujours de préférence sur les chevaux qui proviennent des remontes éventuelles et qui, par ce fait, ont passé par la main des marchands, qui leur ont fait subir le traitement que nous avons vu, il semblerait tout naturel de proscrire pour l'avenir ce mode de recrutement des chevaux de la cavalerie. Mais quand on songe qu'il est exceptionnel comme les circonstances qui l'amènent, et qu'après tout on ne l'emploie que quand on ne peut pas faire autrement ; quand on songe qu'il ne reste plus personne à convaincre sous ce rapport, on est promptement convaincu soi-même que cela serait parfaitement superflu. Il faut donc accepter les nécessités amenées par les circonstances, et tâcher d'atténuer un mal qu'on ne peut pas complétement empêcher.

La première précaution à prendre, dans les cas dont il s'agit, c'est de mettre en observation, dès leur arrivée, tous les chevaux, *jeunes ou vieux*, des provenances suspectes que nous avons signalées, afin de les soumettre à un régime particulier. Assez généralement, dans l'armée, on s'astreint à conserver aux écuries de la remonte et sous la direction immédiate du capitaine-instructeur tous ceux qui sont âgés de moins de cinq ans (en apparence), et l'on ne doit en commencer le dressage qu'après l'accomplissement de cet âge. Mais cette condition n'est point toujours remplie, et c'est là une cause de mortalité qu'on a signalée depuis bien longtemps et sur laquelle il n'est pas dans mon sujet de m'arrêter. Ce qui y rentre pleinement, c'est cette erreur qui fait que, par cela seul qu'un cheval de remonte arrive avec l'âge de cinq ans et au-dessus, on se croit fondé sans inconvénient à le mettre immédiatement au travail pénible du dressage, ou même tout de suite à celui de l'escadron. Il est des colonels qui se préoccupent avant tout de tenir l'effectif de leurs escadrons au complet, et il serait facile de trouver consignés sur les registres de l'infirmerie les résultats de cette préoccupation exclusive. Il est des cas, je le reconnais, où nécessité fait loi, et c'est ce qui arrive en temps de guerre pour la plupart des régiments d'artillerie et des escadrons du train, avec leur organisation actuelle. On voit alors ce qui résulte des documents produits dans ce travail sur la batterie dont il y est question ; on voit des chevaux être mis en route quelques jours seulement, et même le lendemain, après leur arrivée au corps. Mais il faut bien dire qu'un régiment de cavalerie ainsi monté courrait grand risque d'être mis à pied en fort peu de temps.

La plupart de nos chevaux français, et notamment ceux qui proviennent des dépôts du Centre-Ouest, ne sont pas faits à cinq ans ; il s'en faut de beaucoup. Ce serait donc déjà une faute de les soumettre au travail régimentaire dès cet âge, quand même l'état diathésique du plus grand nombre ne commanderait pas à leur égard les plus grandes précautions. D'un autre côté, les chevaux des remontes éventuelles, le plus souvent âgés depuis six jusqu'à neuf et dix ans, ont subi une préparation qui les constitue dans un état maladif d'autant plus grave qu'ils sont plus âgés. Il est indispensable, pour prévenir la manifestation organopathique de la diathèse, de maintenir un certain temps les uns et les autres à un traitement prophylactique approprié à leur état. Je vais indiquer en peu de mots les précautions qui sont prises à cet égard au 3ᵉ de cuirassiers à l'égard de tous les jeunes chevaux, et l'on verra que les résultats que je rapporterai témoignent en leur faveur; et quand je dis *jeunes chevaux*, il est bien entendu que je veux parler de tous ceux qui sont nouvellement arrivés de la remonte.

Sous l'empire de cette idée essentiellement juste que l'avenir du régiment réside dans ces jeunes animaux, et que ses pertes ultérieures dépendent en grande partie des soins particuliers dont ils sont l'objet, ils sont tout spécialement recommandés à la sollicitude des vétérinaires. Leurs conseils, leurs avis, en ce qui concerne l'hygiène qui leur est applicable, font toujours loi ; et non-seulement on se fait un devoir de les suivre, mais encore une obligation de les leur demander avec empressement. C'est au point qu'on leur saurait mauvais gré de ne pas exercer sur tout ce qui s'y rapporte une surveillance attentive et de tous les instants. Il est peu de régiments dans l'armée, sans doute, où une part aussi large soit faite à la science vétérinaire ; mais enfin, là, on pense apparemment qu'il n'est rien qui offre de plus grandes conditions de succès que de laisser diriger chaque chose par ceux à la spécialité d'études desquels elle se rapporte. C'est une justice que pour ma part je me plais à rendre, parce que pour d'aucuns elle aura la valeur et le mérite d'une compensation ; et, dans l'intérêt de la conservation du cheval de troupe, je fais des vœux pour que de pareils errements trouvent de nombreux imitateurs.

En conséquence donc de ce fait, tous les chevaux de remonte sont soumis, dès leur arrivée, à un régime transitoire dont le but est tout à la fois de prévenir les conséquences immédiates de l'émigration, et de préparer leur passage à la ration réglementaire ; ils sont l'objet de précautions relatives aux pansages, à la température de leurs écuries, au temps et à l'opportunité de leurs promenades, etc., etc. ; et ce sur quoi il faut surtout appeler l'attention, c'est qu'il arrive bien rarement qu'aucun d'eux soit versé à l'escadron sans qu'au préalable l'avis du vétérinaire ait été demandé. Aussi est-il résulté de tout cela que pendant toute la durée de l'année 1855, pour ne pas remonter plus haut, sur un effectif de neuf cents chevaux de troupe, comprenant près de quatre cent cinquante à cinq cents jeunes, dont deux cent soixante-six reçus dans l'année, comme on l'a vu ; au milieu des nécessités d'une transformation qui doit faire qu'il n'en reste plus que de robe grise, dans un temps donné ; avec les nécessités de l'instruction d'un nombre très-considérable de recrues et le travail des manœuvres, qui n'a pas été discontinué un seul instant ; avec, de plus, les fatigues d'un camp de plus d'un mois, fatigues toutes considérables pour les chevaux en raison de la nature du terrain, que j'ai déjà eu l'occasion de faire connaître dans le courant de ce mémoire ; eh bien, avec tout cela, le régiment est arrivé à la fin de l'année avec une perte de *vingt-six* chevaux de troupe seulement, dont plusieurs sont arrivés de la remonte avec des accidents ou des maladies contractées en route et déjà incurables par leur nature même ou l'état de leur développement ; dont d'autres ont dû être abattus pour cause de fracture des membres, résultant de coups de pied ou de chute sur la glace, etc.

Ce résultat parle assez haut en faveur de la pratique dont je parle ; et je me garderais bien, certes, de le citer avec autant de complaisance, si j'y étais pour quelque chose. Mais d'abord je l'ai trouvé instituée à mon arrivée à ce régiment, et ma position hiérarchique très-secondaire me met à cet égard parfaitement à l'aise, du reste.

Cela dit comme aperçu général, nous devons maintenant nous attacher spécialement aux soins prophylactiques dont les chevaux suspects de diathèse typhoïde doivent être l'objet. Plus que tous les autres, ils seront soumis à une surveillance attentive (1). Si l'on veut bien se souvenir de l'importance que nous avons attribuée à l'état de la conjonctive, comme signe précurseur et comme mesure très-sensible de l'intensité de la diathèse, on comprendra qu'il soit d'une excellente

---

(1) A ce sujet, il est utile de rappeler que, parmi les chevaux achetés par les dépôts de la Normandie, il y en a toujours un certain nombre qui sont originaires des marais du littoral, et qui ont été achetés à l'état de poulains par les éleveurs normands aux foires spéciales du Poitou et de la Vendée. Il faut alors se guider, pour les reconnaître, sur la conformation.

précaution de l'examiner fréquemment, de manière à agir plus instam-
ment sur ceux qui présenteraient à cet égard les caractères les plus
développés. Il convient de distribuer à chaque repas des mélanges de
paille et de foin, de façon à augmenter le volume de la ration. A celui
du matin, on donne un peu d'avoine, dans une proportion qui s'augmente insensiblement, jusqu'à arriver enfin à la ration réglementaire,
pour chaque jour. A midi, un barbotage, dans lequel il est bon de faire
dissoudre une centaine de grammes de sulfate de soude, lorsque l'état
général l'indique, est distribué jusqu'au moment où le foin pur a tota-
lement remplacé le mélange, ce à quoi l'on cherche à arriver progressivement.

La transition ainsi ménagée dans le régime alimentaire, s'accompagne de précautions variables suivant la saison et relatives au règle-
ment de la température des écuries, de manière à éviter les passages
brusques de la chaleur au froid. En hiver, ces animaux ne doivent jamais sortir que bien couverts, et toujours recevoir leurs boissons à
l'écurie, à moins que la température extérieure ne soit d'une douceur
exceptionnelle. Chez quelques-uns dont la nature, la conformation, le
tempérament et, par dessus tout, la pâleur et l'infiltration de la conjonctive, font craindre de voir se produire l'une des formes que j'ai décrites, sous l'influence de la moindre cause accidentelle, il ne faut
point hésiter d'avoir recours à un véritable traitement qui, dès lors,
doit consister en l'administration de toniques, soit sous forme de pou-
dres mêlées à du son, soit en électuaire ou de toute autre manière que
l'on croirait plus applicable aux cas particuliers qui peuvent se présenter. Il est quelques signes généraux de cet état qui n'échapperont
point à une observation judicieuse, et que je vais indiquer tels que je
les ai vus se produire. Toutes les fois que l'on trouve un de ces chevaux
plus souvent couché que les autres ; lorsque, en se relevant, il se livre
à des pandiculations, à des bâillements, on peut en toute sûreté examiner ses conjonctives, elles ne manquent jamais de présenter les caractères dont il vient d'être parlé.

Si l'on pouvait réaliser complétement et sans aucun écart, autour de
ces animaux, toutes les conditions que je viens d'énumérer, nul doute
qu'on arrivât certainement à prévenir la manifestation diathésique sur

tous. Toujours est-il qu'avec ce qu'il est humainement possible d'exiger des individus préposés à leur service, on arrive, dans ces conditions, à modifier heureusement leur état constitutionnel de manière à ce que, au bout d'un certain temps, tous les signes de l'aglobulie aient disparu; et c'est surtout ce à quoi l'on doit viser. Si, alors, une organopathie se déclare, l'intensité des caractères diathésiques qu'elle peut présenter est toujours en raison inverse de la longueur du temps qui s'est écoulé depuis que le malade est soumis au régime prophylactique; et si celui-ci a été suffisamment long, ils sont tout à fait nuls.

Au total, la limite transitoire une fois franchie, de l'avoine et point de travail, tel est au moins le meilleur, si ce n'est l'unique moyen de faire disparaître la diathèse typhoïde à l'état de simple prédisposition. On conçoit facilement que la durée de ce régime doit être soumise à des conditions d'âge, d'intensité, etc., et qu'il faut laisser à l'observation du praticien la part qui lui revient dans sa fixation pour chaque individu.

J'arrive maintenant à examiner les moyens curatifs qui doivent être opposés à la maladie déclarée. Ils varient nécessairement sous plusieurs rapports, suivant la forme à laquelle on a affaire. Aussi convient-il de consacrer à cet égard à chacune de celles que nous avons reconnues un paragraphe à part. Nous allons le faire, en les passant successivement en revue dans l'ordre déjà établi.

A. *Forme abdominale bénigne.* — L'expérience démontre que sous cette forme les symptômes aigus de la diathèse typhoïde n'ont rien de bien grave, à la condition qu'ils soient rationnellement combattus. Sur des chevaux d'un certain âge, dans ma pratique civile, il m'est arrivé d'en triompher rien que par l'administration continuée pendant quatre ou cinq jours d'un électuaire tonique et ferrugineux. Mais chez les jeunes chevaux de l'armée, chez ceux surtout qui sont arrivés depuis peu, le traitement le plus immédiatement convenable consiste à administrer le plus possible de boissons miellées, additionnées d'une petite quantité d'eau de Rabel ou d'acide sulfurique. On y ajoute 100 grammes de sulfate de soude par jour, en trois ou quatre doses pour rendre son absorption plus facile et plus sûre. Lorsque, sous l'influence de ce traitement, les symptômes sont calmés, ce qui arrive ordinairement après quatre ou cinq jours, on commence alors l'administration des toniques ferrugineux. Je donne, quant à moi, la préférence à la préparation suivante, pour cette raison que le carbonate de fer qui résulte de la réaction qui s'y effectue pendant la digestion est dès lors sûrement pur et plus facilement absorbable; les droguistes ne vous donnent ordinairement sous ce nom que du peroxyde inattaquable par l'action digestive. Je lui ai toujours reconnu une action aussi prompte que certaine. En voici la formule :

Extrait de gentiane	20 grammes.	
Poudre de quinquina	20	—
Bicarbonate de soude	10	—
Sulfate de fer purifié	10	—
Miel ou mélasse	*Q. S.*	

pour faire un électuaire que l'on administre en quatre fois dans le courant de la journée, ou quatre bols, si l'on préfère ce mode d'administration.

Après un certain temps de ce traitement, temps variable, comme on le comprend bien, suivant les individualités, l'organisme acquiert du ton, les muqueuses apparentes prennent la coloration rosée qui leur est particulière à l'état normal; le pouls prend le rhythme et la force de ce même état, et, finalement, tous les signes diathésiques disparaissent peu à peu pour faire place à ceux d'une santé parfaite. Il est bien entendu que, dès que l'appétit se manifeste, on y satisfait dans une mesure convenablement graduée, et que l'on finit par insister surtout sur l'avoine, comme excellent adjuvant du traitement tonique.

J'ai vu, dans cette forme, pratiquer quelquefois au début une petite saignée, sans qu'il en soit résulté rien de bien grave. Bornée à cette limite, elle n'a point les inconvénients certains des saignées grandes et répétées dont j'ai déjà parlé; mais, s'il est vrai qu'elle ne soit pas toujours très-nuisible, je ne crains point d'affirmer qu'elle ne saurait jamais être utile. Le moindre effet qu'elle puisse avoir, c'est de retarder la cure. La raison commande donc de la proscrire absolument dans tous les cas de cette nature, et à plus forte raison dans ceux qui vont suivre.

B. *Forme abdominale grave.* — Cette forme est presque toujours mortelle, et cela se comprend; car l'état du canal digestif résiste à la plupart des agents dirigés en vue de le guérir, en raison de sa gravité même ; et lorsque les désordres produits dans ce canal ne sont pas suffisants pour amener d'eux-mêmes une mort prompte, ils le sont toujours assez pour mettre obstacle à l'assimilation des aliments et des médicaments capables de remédier à l'état diathésique qui, par ce fait, s'aggrave de plus en plus, jusqu'au point où le liquide sanguin cesse tout à fait d'être apte à l'entretien de la vie.

Le traitement de la forme abdominale grave présente donc de réelles difficultés, et, dans l'état actuel de la science et dans celui de ma pratique particulière ou de celles que j'ai pu suivre, il me serait bien impossible d'en formuler un auquel je puisse attribuer des succès bien constatés.

Quoi qu'il en soit, si je m'en rapporte à quelques cas observés, je serais encore porté à croire, cependant, qu'il y a possibilité de remédier à cette manifestation de la diathèse, mais à la condition d'agir tout à fait au début. Les faits sur lesquels je m'appuie pour penser ainsi ne pourraient être produits qu'avec une grande réserve ; car on serait toujours fondé à m'opposer ceci, à savoir : que rien ne prouve d'une manière certaine que si l'on avait, dans ces cas, laissé la maladie marcher davantage, elle eût acquis toute la gravité que nous avons reconnue à la forme dont il s'agit. Néanmoins, je dirai qu'il est certains signes difficiles à traduire, mais qui frappent l'observateur attentif et qui lui permettent de saisir certaines nuances qui le trompent rarement. Ces réserves faites, je vais dire ce que j'ai fait et vu.

Donc, lorsqu'on se trouve en face de la forme abdominale grave et tout à fait au début des premiers symptômes, la première indication à remplir consiste à agir directement sur l'intestin par l'administration aussi abondante que possible de la limonade dont il a été question tout à l'heure au sujet de la forme bénigne. Ici encore on y joint le sel de Glauber ; mais, en outre, il est surtout urgent de pousser à la peau, et de stimuler le plus possible l'action physiologique du tégument. Dans ce but, des frictions sèches vigoureusement exécutées et alternées avec des fumigations générales de baies de genièvre, par exemple, sont d'une grande utilité. Les reins, dans l'intervalle des frictions et des fumigations, demeurent largement couverts par un sachet tenu constamment à une haute température. Et concurremment avec la limonade sulfurique, des infusions concentrées de camomille, dans lesquelles on ajoute quelques grammes d'acétate d'ammoniaque, sont administrées à petites doses, entre deux prises de boissons miellées. Trois ou quatre lavements d'eau de son par jour sont un utile adjuvant.

Si, par l'ensemble de ces moyens, l'époque ordinaire de l'apparition de la diarrhée passe sans que ce signe redoutable ne se montre, il y a lieu d'espérer qu'ils seront couronnés de succès. En les continuant encore quelques jours, en effet, on voit peu à peu les symptômes généraux s'amender, la stupeur diminuer et l'appétit se manifester par quelques velléités encore bien peu prononcées, mais qui n'ont pas moins une grande valeur pour le pronostic. Ce n'est point qu'il faille considérer dès lors le malade comme hors de danger ; mais il se présente à ce moment une indication à laquelle il faut absolument satisfaire, et cela avec toutes les précautions possibles, car c'est à n'en point douter de là que dépend entièrement le salut du malade. Il s'agit d'entreprendre l'administration des toniques et d'en seconder l'action par des tentatives d'alimentation. Mais cela demande, dans l'exécution, tant de soins attentifs, tant de sollicitude, pour ne pas dépasser les limites si restreintes encore de la tolérance des organes intestinaux, que le moindre écart détruit pour toujours, et pour profiter habilement des dispositions favorables qui se produisent ; c'est, en un mot, une médication si délicate à manier, qu'elle est bien rarement couronnée de succès, et que, malgré le mieux sensible qui s'était produit, le malade n'en finit pas moins le plus souvent par succomber ; seulement, la marche de l'affection a été plus lente. Cette médication, nonobstant, a été administrée avec succès.

Mais lorsque, malgré tout, la diarrhée arrive, quelle qu'ait pu être l'énergie des moyens employés, je n'ai jamais vu aucun malade guérir. Les lésions intestinales, dès lors, paraissent jusqu'à présent au-dessus des ressources de l'art. On a pu par l'administration des opiacés, du laudanum, par exemple, ou de la teinture d'opium, par la bouche ou en lavement, arrêter la diarrhée et opérer par ce fait une sorte de temps d'arrêt dans la marche de la maladie. Un peu d'appétit se montrait et faisait espérer légèrement ; mais l'atteinte portée à la nutrition était trop profonde , et le malade finissait toujours par succomber plus ou moins vite.

Il est inutile d'ajouter qu'ici les révulsifs cutanés sont tout à fait contre-indiqués. Cela est du ressort de la thérapeutique élémentaire. Je ne répéterai pas non plus ce que j'ai dit plus haut au sujet des émissions sanguines; ce serait superflu.

C. *Forme thoracique.* — Nous voici arrivés au point le plus important, sans contredit, au moins pour les praticiens purs , de cette importante question de la diathèse typhoïde du cheval de troupe; car, comme nous l'avons dit, en raison de l'espèce de prédilection avec laquelle les affections pulmonaires l'atteignent, et en raison aussi de la thérapeutique toute particulière qui convient à celle dont il s'agit, de la confusion si souvent faite à ce sujet résultent bien des mortalités.

Et d'abord, c'est une question qui mériterait d'être examinée à fond que celle de savoir si, même dans la pneumonie gourmeuse franche des jeunes chevaux, il ne conviendrait pas d'apporter au traitement généralement usité des modifications d'un certain genre ; de savoir si, par exemple, il ne serait pas préférable pour l'avenir de leur constitution de renoncer autant que possible aux émissions sanguines , en remplaçant leur action par des révulsifs plus énergiques et plus étendus. Quelques vétérinaires en sont déjà convaincus, et je suis de ce nombre. N'avons-nous pas entendu naguère M. Leblanc dire à l'Académie de médecine que, depuis qu'il avait remplacé les saignées par une plus grande insistance sur les sétons dans le traitement de cette maladie, il obtenait beaucoup plus de succès? Je n'ai pas de peine à le croire, pour ma part; mais ce n'est pas précisément la question dont il s'agit maintenant. Nous ne devons pas oublier que l'honorable M. Leblanc pratique à Paris, par conséquent sur des chevaux qui sortent pour la plupart des mains des marchands, ou qui y sont encore, et qui, dès lors, ont été *préparés* par eux.

Quoi qu'il en soit de ce point de thérapeutique générale, sur lequel je ne dois pas m'étendre davantage ici, je vais l'envisager seulement en ce qui se rapporte à la forme thoracique de la diathèse typhoïde, et commencer par là, car l'idée de la saignée, dans l'esprit des praticiens, est si inséparable de celle de l'affection pulmonaire, que c'est cette petite opération qui se présente toujours la première dans l'ensemble des moyens qu'on lui oppose ordinairement.

J'ai dit ailleurs (1), sacrifiant encore au préjugé général, que, dans certains cas de la nature de ceux dont il s'agit, de petites saignées pouvaient être indiquées au début, mais comme pour atténuer autant que possible l'effet d'une telle assertion, j'ajoutais qu'il ne fallait cependant y satisfaire qu'avec une grande réserve. Je faisais allusion, alors, à ces cas peu prononcés, à ces *cas-limite* dont j'ai parlé dans ce mémoire, et dont je ne pouvais entreprendre de tracer les caractères dans le travail en question, parce que sa nature ne le comportait point. Aujourd'hui, j'ai l'esprit complétement dégagé, par la réflexion et par l'expérience, des influences de cette espèce, et, en toute sécurité de conscience, je répéterai à ce propos ce que j'ai dit plus haut à l'égard de la forme abdominale bénigne. Si, dans certains cas peu intenses de diathèse typhoïde manifestée sous la forme thoracique, la saignée n'est pas toujours immédiatement nuisible, il est bien certain qu'elle n'est jamais utile. J'ai vu des chevaux déjà en grande partie débarrassés de l'influence diathésique par un régime convenable, être atteints dans cet état d'affection de poitrine ; eh bien, la saignée, tout en ne s'opposant point à leur guérison, les avait tellement affaiblis, que plus de six mois après ils n'avaient pas encore recouvré entièrement leurs forces. J'ai vu de ces chevaux, antérieurement très-solides et très-énergiques, se montrer, après, très-longtemps mous, sans vigueur, et buter à chaque instant ; d'autres se défendre et devenir vicieux ; tandis que dans d'autres cas où certes la diathèse était bien plus intense, un mode de traitement qui ne comportait pas d'émissions sanguines, a amené constamment la guérison quand il a pu être appliqué à temps, et les malades n'ont presque pas eu de convalescence.

Et cette différence de résultat se comprend sans difficulté. On sait, en effet, que parmi les parties constituantes du sang, celle qui se régénère avec le plus de lenteur, c'est la partie colorée, ce sont les globules. Or, on sait également que dans les affections dont nous parlons, le caractère dominant paraît être précisément une diminution plus ou

---

(1) Voy. *Remarques sur les chevaux*, etc. *Loco citato.*

moins notable de ces mêmes globules. Soustraire aux vaisseaux une certaine quantité de sang, c'est soustraire en même temps à la masse restante de celui-ci une certaine quantité de globules, et aller conséquemment, dans un sens, à l'encontre des indications thérapeutiques à remplir, si dans l'autre on y satisfait. Le problème à résoudre consiste donc à concilier autant que possible ces deux nécessités, c'est-à-dire à remplir la seconde indication sans transgresser la première. La solution en est facile, et l'on va le voir, aussi bien en théorie qu'en pratique.

Dans la forme thoracique, l'élément principal de l'organopathie, c'est, nous l'avons vu, un engouement sanguin de la substance pulmonaire, engouement constitué principalement par un arrêt dans les capillaires et par un épanchement en dehors d'eux de la partie fibrino-albumineuse exubérante du sang. Il ne peut y avoir aucun doute à cet égard. Il s'agit donc d'empêcher, de diminuer ou de contrebalancer cet engouement. Pour arriver à ce résultat, plusieurs moyens se présentent à l'esprit : 1° diminuer la masse du sang ; 2° la rendre plus facilement circulable ; 3° établir un engouement de même nature dans un autre lieu.

Tel est, en effet, l'ordre des moyens mis ordinairement en pratique par tout le monde. De là saignées, révulsifs et dissolvants de la partie fibrino-albumineuse du sang. Que ce soit empiriquement ou d'une manière raisonnée, on ne sort pas de là.

Il s'agit de savoir si l'on ne peut pas tout à la fois soustraire à la circulation une quantité suffisante du liquide sanguin, pour agir mécaniquement sur la portion épanchée, et déterminer ailleurs un nouvel épanchement destiné à prévenir l'accomplissement complet de celui qui est en voie de formation dans le poumon, ou à le contrebalancer, s'il est déjà établi ; et cela tout en ne retranchant rien de la partie cruorique. Or, la matière médicale et la petite chirurgie mettent à notre disposition des moyens qui agissent en ce sens, comme on va le voir, lorsque j'aurai exposé le traitement qui me paraît le plus rationnel et le plus heureux à opposer à cette forme de la maladie.

Aux premiers symptômes du début, six sétons sont appliqués immédiatement. Le lieu de leur application n'est pas indifférent, parce qu'ils doivent concourir à un but tout particulier, qui est de déterminer en un point un épanchement considérable de sérosité fibrino-albumineuse. Ce qui m'a toujours paru préférable, c'est d'en placer deux aux ars et deux de chaque côté de la poitrine. Ce n'est pas tout. Comme ils ne sont point placés là en qualité d'exutoires, et qu'ils doivent avant tout déterminer l'épanchement en question, les mèches qui les constituent sont choisies assez larges et fortement enduites d'onguent vésicatoire. Ce ne sont plus alors de simples sétons; ce sont, comme je l'ai dit ailleurs, des *vésicatoires sous-cutanés*. On sait que l'action vésicante de la cantharide provoque principalement une hypersécrétion de sérosité. Cette pratique détermine promptement autour des mèches la formation d'engorgements considérables, dont les produits les plus fluides s'accumulent dans les régions déclives, sous le sternum où, pour faciliter et augmenter ce résultat, une forte friction a été faite avec le même onguent vésicatoire lors de l'application des sétons.

Ainsi, en somme, un large vésicatoire sous la poitrine et six mèches de sétons fortement enduites du même onguent amènent dans les points de leur application des engorgements considérables, surtout celui qui se manifeste sous le sternum, lequel remonte souvent à une certaine hauteur de chaque côté de la poitrine.

Avant d'aller plus loin, examinons un peu ce résultat au point de vue où nous sommes placés, c'est-à-dire relativement au double but qu'il doit atteindre, et disons tout d'abord qu'il serait bien inutile de nous arrêter à celui de la révulsion (si révulsion il y a, toutefois); il n'est point douteux que celui-ci soit bien atteint, et l'on serait embarrassé pour le démonter autrement qu'en l'exprimant. Mais le dit résultat peut-il en même temps tenir lieu d'une déplétion sanguine directe, d'une saignée, en d'autres termes? Voilà ce que je dois entreprendre de démontrer. Or, étant admis que la matière de nature fibrino-albumineuse qui, par son épanchement dans les mailles du tissu cellulaire, constitue l'engorgement, provient du sang et qu'elle ne peut provenir d'ailleurs; en vue d'en évaluer la quantité, il m'est arrivé plusieurs fois de *cuber* la capacité du dit engorgement. Eh bien, dans le plus grand nombre des cas, cette capacité ne s'élevait pas à moins de *cent vingt-cinq centimètres cubes,* et correspondait environ à *douze litres* de sérosité albumineuse, par conséquent. Cela faisait donc une quantité égale soustraite à la circulation générale, et procurait évidemment le bénéfice d'une saignée équivalente, considérée comme une *très-forte saignée,* moins l'inconvénient de la perte totale de la quantité de globules correspondante, et, en plus, l'avantage de permettre à la circulation de reprendre ensuite par résorption la substance épanchée.

Voilà, si je ne m'abuse, une théorie qui n'a rien de hasardé et qui ne repose absolument que sur des faits faciles à constater pour tout le monde. Le moyen guérit, tandis que la saignée tue, c'est vrai, et beaucoup de gens se déclareraient satisfaits avec cela et n'en chercheraient point l'explication ; mais je pense, pour ma part, qu'il n'y a jamais de mal à se rendre un peu compte de ce que l'on fait, ne fût-ce que pour ne pas agir en aveugle. Il y a à cela, dans le cas présent, d'autres avantages, au nombre desquels se trouve celui de lutter victorieusement contre un préjugé. Vous voulez que je vous accorde une petite saignée ? Je vous en offre une de DOUZE KILOGRAMMES ! Vous êtes servis au delà de vos souhaits ; car j'imagine que ce n'est point la portion colorée du sang qui vous gêne ?

Aussitôt que l'engorgement est bien constitué, pour éviter toute déperdition qui aurait pour résultat d'affaiblir le malade, il ne faut point, autant que possible, laisser s'établir la suppuration aux sétons. J'en suis arrivé, quant à moi, à les supprimer aussitôt que la tuméfaction n'augmente plus ; et, à partir de ce moment, j'en fais couper un chaque jour au moins, et le plus souvent deux.

Beaucoup de praticiens ont, dans le traitement des maladies de poitrine, renoncé à l'application des sétons sur les côtes, parce que, disent-ils, cette opération, pour peu que la saison y soit favorable, est souvent suivie de gangrène. Ils préfèrent et préconisent le sinapisme sous le sternum. En ce qui concerne les pneumonies franches, dont la marche est réglée et à peu près toujours la même, je ne dis pas que ce moyen ne puisse être employé, bien que je ne l'aie jamais vu nulle part être suffisant et que, dans les conditions ordinaires de la pratique vétérinaire, on ne puisse pas toujours se procurer ce qu'il faut pour l'appliquer ; mais, relativement à la pneumonie typhoïde, c'est bien différent. Moi aussi, dans les débuts de ma pratique, lorsque je n'avais pas encore essayé mes ailes, je me faisais un devoir de procéder par ordre, et je commençais toujours mon traitement par l'application d'un sinapisme. Celui-ci produisait peu d'effet tout d'abord, et mes malades mouraient. Il ne faut pas perdre de vue qu'il y a urgence ici d'arrêter promptement l'engouement passif du poumon, qui progresse avec une rapidité effrayante lorsqu'on n'agit pas avec vigueur dès le début. Les vésicants les plus énergiques ne sont point trop forts pour cela, et il ne suffirait point, par exemple, de se borner à les appliquer à la surface de la peau ; il faut absolument les porter directement sur le tissu cellulaire lui-même.

Pour ce qui est de la gangrène, il faut prendre garde que la présence de l'onguent vésicatoire diminue considérablement les chances de son apparition, en soustrayant promptement au contact de l'air, par son action spéciale, les liquides épanchés. Et puis le peu de temps que les mèches restent en place en rend aussi le développement moins probable ; et puis enfin, dût-elle arriver quelquefois, que ce ne serait point une raison pour se priver toujours des avantages immenses que procurent les sétons appliqués comme je l'indique, attendu que l'inconvénient d'avoir à la combattre dans un point parfaitement accessible aux moyens directs qui en triomphent à peu près toujours, ne saurait jamais contrebalancer les succès qui leur sont dus.

En même temps qu'on insiste sur ces moyens dérivatifs énergiques, on se trouve toujours fort bien d'administrer du sulfate de soude à doses fractionnées, à titre de dissolvant. L'action fluidifiante qu'on sait que ce sel exerce sur le sang, depuis les expériences si intéressantes de M. Poiseuille, ne peut qu'être favorable à la disparition de l'engouement pulmonaire ; 100 grammes en trois ou quatre fois, dans le courant de la journée et en dissolution dans des barbotages, sont suffisants, des lavements étant administrés dans le but de tenir le ventre libre.

Il sera bien entendu que la diète est rigoureusement *proscrite*, et que l'on doit toujours laisser le malade satisfaire son appétit, si, ce qui est le plus ordinaire, il l'a plus ou moins conservé. Dans le cas contraire, des aliments doivent toujours être permis dès qu'il se montre. Le praticien ne doit jamais perdre de vue qu'il ne s'agit pas ici d'une pneumonie inflammatoire, mais bien d'une lésion tout à fait passive de l'organe, et qu'il faut, tout en se préoccupant d'entraver le développement de celle-ci, s'occuper aussi de l'état général.

À cet effet, à moins de complication intestinale, dans lequel cas celle-ci est combattue concurremment par les moyens prescrits dans les précédents paragraphes, selon son intensité ; à cet effet, dis-je, on commence dès le début l'administration de la préparation tonique-ferrugineuse dont j'ai donné la formule, pour la continuer jusqu'à ce que l'état des muqueuses accuse que son action a cessé d'être indiquée.

Toutes les fois que le traitement que je viens de décrire sera appliqué rigoureusement, avant que la lésion pulmonaire ait atteint des limites telles que la portion du poumon qui demeure encore perméable ne soit plus suffisante pour l'hématose complète d'un sang déjà pauvre en principes capables de communiquer au sujet une certaine résistance, je ne crains point d'affirmer qu'il sera toujours suivi de succès. J'ai pour cela des raisons toutes pratiques. Ainsi, pour ne prendre que des résultats récents, sur les dix-neuf cas typhoïdes très-graves de la 5e batterie du 11e d'artillerie, dont j'ai parlé, seize ont été guéris ; trois seulement sont morts. Or, de ces trois malades, l'un a succombé à la forme abdominale grave, à marche lente ; les deux autres sont morts de la forme thoracique, dont un par suite d'épanchement dans le sac pleural, et l'autre avec des lésions pulmonaires insuffisantes pour expliquer la terminaison, qui s'expliquait, du reste, suffisamment par les lésions diathésiques ; mais il faut ajouter que ces deux derniers chevaux avaient été saignés, et à deux reprises pour l'un, tandis qu'il ne leur avait été appliqué que des révulsifs insuffisants. C'était tout à fait des premiers cas déclarés. Il me semble que ce sont là des arguments pratiques assez favorables à la méthode de traitement que je préconise ici, et je doute qu'il soit possible d'en produire d'aussi concluants à l'appui de celles que j'ai cru devoir combattre. J'aurais pu sans peine en grossir l'effet, rien qu'en faisant entrer en ligne de compte un grand nombre de cas légers, se bornant à de la toux, et qu'un séton joint au traitement tonique maîtrise très-facilement, mais une telle façon de procéder n'est ni dans mes habitudes ni dans mon caractère. Je prie le lecteur de croire qu'il ne s'agit que de manifestations graves de la forme thoracique; et, d'ailleurs, ces faits ne se sont point passés à huis-clos, car je les ai observés en commun avec mes estimables collègues du régiment, MM. Aubert et Bourrel.

VI.

CONCLUSIONS.

—

Me voici arrivé à la fin de la tâche que je m'étais imposée.

Ai-je réussi à décrire fidèlement les manifestations pathologiques que mon but principal était de faire connaître sous leurs couleurs véritables? Les ai-je, aussi bien, sainement observées, et les déductions que j'ai cru pouvoir en tirer, quant à leur nature et à leurs causes, sont-elles justes et fondées en logique?...... Si tout cela est vrai, le traitement doit l'être aussi, puisqu'il guérit; mais, en somme, ce sont là des questions qu'il appartiendra à mes honorables confrères de décider, en conduisant à l'avenir leurs observations dans le sens que je me suis efforcé de leur indiquer dans ce travail.

Élever les questions pour les simplifier, les simplifier pour les résoudre, a dit quelque part le plus éminent publiciste de notre époque. C'est sous l'empire de cette idée, dont j'ai pris la formule pour épigraphe, que ce travail a été entrepris. Si l'on veut bien se donner la peine de le méditer quelque peu, on s'apercevra, j'espère, que j'ai mis tous mes efforts à y satisfaire. La méthode que j'ai suivie pour tâcher d'y arriver n'est pas celle que l'on rencontre toujours dans les monographies. On commence assez ordinairement à dogmatiser, en posant à titre de faits-principes les causes de l'affection que l'on veut décrire; souvent même on voit dès le début des travaux de ce genre des aperçus généraux sur la nature essentielle des objets que le lecteur ne peut pas encore connaître. Il m'a toujours paru préférable de procéder autrement et de suivre la méthode naturelle, c'est-à-dire celle par laquelle on est arrivé à la connaissance des faits que l'on a la prétention d'enseigner aux autres, et qui vous présente d'abord les objets pour vous en faire étudier les caractères physiques, puis, par la déduction et l'induction, la nature et, enfin, les causes. Procéder ainsi, c'est aller du simple au composé, du connu à l'inconnu ; c'est procéder, enfin, comme la nature, que tant de gens, hélas ! croient moins adroite qu'eux.

Si donc, en agissant ainsi, j'ai fait usage du meilleur procédé de recherches, je dois être arrivé à des conclusions justes, et je dois aussi m'approcher beaucoup de la vérité en les formulant de la manière suivante :

1° Une alimentation dépourvue ou même seulement insuffisamment pourvue de principes toniques longtemps continuée, en l'absence d'autres causes coefficientes, ou en peu de temps avec le concours de celles-ci, constitue le cheval dans un état diathésique caractérisé, à ce qu'il paraît dans l'état actuel de la science, par une *aglobulie* plus ou moins développée.

2° A cause sans doute de son mode particulier d'élevage et aussi de vente, dans certains cas, le cheval destiné au service de la cavalerie est, plus que tout autre, sujet à présenter cet état.

3° Chez ce cheval, sous le coup de la diathèse dont il s'agit, sous l'influence des causes plus ou moins inhérentes à l'état militaire, celle-ci se manifeste le plus ordinairement sous deux formes essentielles, qu'il paraît convenable, en raison du siége des organes principalement affectés, de désigner par les noms de *forme abdominale* et *forme thoracique*. La première se présente elle-même sous deux types bien caractérisés, l'un bénin, l'autre grave.

4° Les caractères cliniques communs à ces deux formes résident dans la coloration jaune pâle et l'infiltration de la conjonctive, la mollesse et la faiblesse du pouls, et surtout, comme physionomie générale, dans un abattement et une stupeur plus ou moins prononcés, suivant l'intensité de la diathèse, et qui ont fait donner à ces affections, encore insuffisamment déterminées, la qualification pittoresque de typhoïdes, qualification que j'ai cru devoir conserver pour la diathèse, parce qu'elle me semble suffisamment expressive.

5° Le problème hygiénique qui résulte de la connaissance de cette diathèse ne peut recevoir une solution satisfaisante, que par un ensemble de mesures préventives applicables aux chevaux qui la présentent, et dont les principales consistent à n'exiger d'eux aucun travail, tout en les soumettant à une alimentation fortement tonique et excitante, à base d'avoine, jusqu'à ce que les signes qui la caractérisent aient disparu.

6° Le problème thérapeutique posé par ses manifestations consiste à combattre victorieusement l'organopathie, par des moyens dont aucun ne soit contre-indiqué par la diathèse, et réciproquement. Si pour la forme abdominale grave une solution est possible, on ne peut pas dire qu'elle soit trouvée encore ; il n'en est pas de même pour la forme abdominale bénigne et pour la forme thoracique, la plus fréquente de toutes, heureusement, attendu que celles qui sont indiquées dans ce mémoire par les résultats qu'elles ont donnés ne laissent absolument rien à désirer.

Telles sont les propositions qui découlent naturellement des études auxquelles je me suis livré depuis tantôt huit ans sur la diathèse typhoïde, au milieu des circonstances cliniques les plus favorables qui se puissent imaginer.

Et maintenant, que si quelqu'un, voulant suppléer à mon abstention parfaitement délibérée, était tenté d'essayer une comparaison des affections que j'ai cherché à décrire avec celle que chez l'homme on appelle *fièvre typhoïde*, je l'engagerais à sortir des errements qu'on a jusqu'alors suivis dans cette tâche avec si peu de succès. Je lui dirais : Au lieu de vous baser, comme vos devanciers, sur une pétition de principes, en admettant comme vrai ce qui précisément est encore à démontrer, commencez par entreprendre, à l'aide de la méthode naturelle, une nouvelle et sérieuse étude de la fièvre typhoïde de l'homme ; puis, cette étude faite, vous en comparerez les résultats avec ceux auxquels la même méthode a conduit chez le cheval. Autrement, tout ce que vous pourrez faire ne sera qu'œuvre éphémère et feuille volante : *Verba et voces !*

Paris. — Typographie de E. et V. PENAUD frères, 10, rue du Faubourg-Montmartre.

www.ingramcontent.com/pod-product-compliance
Lightning Source LLC
LaVergne TN
LVHW010906200726
843507LV00002B/512